Ángeles García Aliaga

Abordaje del estudio genético del cáncer de ovario epitelial

Ángeles García Aliaga

Abordaje del estudio genético del cáncer de ovario epitelial

Volumen I

PUBLICIA

Imprint
Any brand names and product names mentioned in this book are subject to trademark, brand or patent protection and are trademarks or registered trademarks of their respective holders. The use of brand names, product names, common names, trade names, product descriptions etc. even without a particular marking in this work is in no way to be construed to mean that such names may be regarded as unrestricted in respect of trademark and brand protection legislation and could thus be used by anyone.

Cover image: www.ingimage.com

Publisher:
PUBLICIA
is a trademark of
Dodo Books Indian Ocean Ltd. and OmniScriptum S.R.L publishing group

120 High Road, East Finchley, London, N2 9ED, United Kingdom
Str. Armeneasca 28/1, office 1, Chisinau MD-2012, Republic of Moldova, Europe
Printed at: see last page
ISBN: 978-3-639-55775-6

Abordaje del estudio genético del cáncer de ovario epitelial. Volumen I.

D.ª Ángeles García Aliaga

2023

ÍNDICE

I. INTRODUCCIÓN

1. EPIDEMIOLOGÍA

Según el informe *Globocan 2020* publicado por el *Global Cancer Observatory* (GCO) de la Organización Mundial de la Salud (OMS), en el año 2020 el cáncer de ovario (CO) fue el octavo cáncer más frecuente en mujeres a nivel mundial con 313.959 nuevos casos diagnosticados y el séptimo más letal, con una mortalidad de 5,4/100.000. En este mismo año se diagnosticaron en Europa 66.693 nuevos casos de CO y fallecieron 44.053 pacientes por esta causa.

La incidencia de esta patología aumenta progresivamente con la edad, entre los 40 y 45 años comienza con una tasa de 11,5 casos por cada 100.000 mujeres e incrementa hasta 40,5 casos por cada 100.000 mujeres de más de 65 años, suponiendo el quinto cáncer de mayor mortalidad en este grupo de edad (1).

En España en el año 2023, según la Sociedad Española de Oncología Médica (SEOM) junto a los registros de la Red Española de Registros de Cáncer (REDECAN) estima que se diagnostiquen en torno a 3.600 nuevos casos de CO, y se prevé que continúe siendo el cáncer ginecológico de mayor mortalidad ya que, en 2021 supuso un total de 1.979 fallecimientos (2).

En la Región de Murcia, en el período 2013-2015 supuso un 3% del total de tumores malignos diagnosticados llegando al ratio de 12,16 casos por cada 100.000 habitantes (**Figura I.1**) (3). En los últimos años la incidencia ha aumentado progresivamente, pasando de 8,5 casos por cada 100.000 habitantes en el período 1983-1987 a 12,16 casos por cada 100.000 habitantes en el año 2014. Esta tendencia ascendente que también se ha observado de manera similar en los países del sur de Europa, podría explicarse por una disminución en el número de hijos. También se observa el aumento progresivo de la incidencia en función de la edad, con tasas que pasan de 20 a 35 casos por cada 100.000 habitantes en mujeres con una edad comprendida entre 50-64 años y en mujeres mayores de 65 años respectivamente (4).

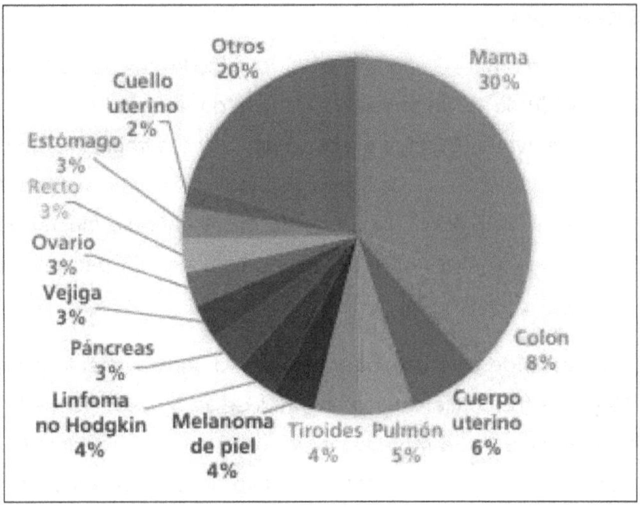

Figura I.1. Distribución de frecuencias de cáncer en la mujer por tipo de tumor en la Región de Murcia. Tomado de Chirlaque MD, et al.(3).

El riesgo de padecer CO, cáncer de trompa de Falopio o primario peritoneal es del 1,5% en la población general. El subtipo patológico más abundante es el epitelial, seguido del estromal y del germinal (5). A pesar de los progresos en su tratamiento tanto quirúrgico como farmacológico, continúa siendo el cáncer ginecológico más letal. Esto es debido principalmente a la falta de un método de cribado para su detección precoz, lo que se traduce en que la mayoría de las pacientes sean diagnosticadas en fases avanzadas de la enfermedad. Además, esta patología puede presentar resistencia a los fármacos citostáticos más comunes utilizados en tratamientos oncológicos (6–8).

2. FACTORES DE RIESGO

2.1. Historia reproductiva

Las gestaciones tienen un efecto protector frente al CO mediante la eliminación de lesiones premalignas y células dañadas que ocurren durante el embarazo. Este efecto protector se mantiene durante máximo dos décadas y después decrece (9). El riesgo relativo (RR) de desarrollar CO disminuye hasta un tercio con un embarazo y puede disminuir más con nuevas gestaciones.

Hay evidencias de que este efecto es más notable en gestaciones de mayor edad debido a que una gestación con más de 35 años disminuye a la mitad el RR comparado con una gestación con menos de 25 años (10).

Un patrón de protección similar al del embarazo se observa con el uso de anticonceptivos hormonales orales (ACHO), ya que, su uso puede disminuir el RR de CO hasta un 50% (11). La lactancia también tiene un efecto protector frente al CO reduciendo un 30% la probabilidad de desarrollar esta patología comparado con casos control (12).

Sin embargo, la infertilidad duplica el RR de CO, pero el uso de fármacos para el tratamiento de la infertilidad supone un factor confuso debido a que las gestaciones llevadas a término reducen este riesgo (13).

La oclusión tubárica bilateral o salpingoplastia (ligadura de trompas) disminuye el RR de CO durante los 10-15 años posteriores a la intervención (14). Este procedimiento altera la circulación ovárica suponiendo una disminución de la síntesis hormonal, además del impedimento físico para el ascenso de las células aberrantes que podrían dar origen al CO (15).

2.2. Factores hormonales

El epitelio ovárico es un tejido formado por células que presentan receptores para la mayoría de las hormonas esteroideas y prostaglandinas. Este tejido es altamente sensible a los niveles hormonales, ya que, de esto depende la regulación del ciclo ovárico.

Los progestágenos administrados en la anticoncepción hormonal oral tienen un efecto pro-apoptótico sobre el epitelio ovárico, favoreciendo la renovación celular y la eliminación de células dañadas (16).

Con respecto a las gonadotropinas, aunque son las hormonas responsables de la estimulación del epitelio ovárico, no hay evidencia de que niveles elevados circulantes de estas hormonas eleven el RR de CO (17). Tampoco existen evidencias de que los niveles circulantes de estrógenos ya sean endógenos o exógenos, tengan relación con el CO (18).

2.3. Inflamación pélvica

El epitelio ovárico y de las trompas de Falopio está expuesto de recurrente a un ambiente proinflamatorio relacionado con la ovulación y el ciclo menstrual. Las citoquinas proinflamatorias presentes en este fenómeno, también se encuentran elevadas en el carcinoma de ovario. Además, existe una correlación entre los niveles de proteína C reactiva e interleucinas y el riesgo de desarrollar CO (19,20).

El CO puede estar relacionado con ciertos estados proinflamatorios como la enfermedad inflamatoria pélvica y la endometriosis. La enfermedad inflamatoria pélvica sucede como consecuencia de enfermedades de transmisión sexual y su proceso inflamatorio afecta a útero, trompas y ovarios. Los estudios epidemiológicos determinan que existe un incremento de riesgo de padecer CO en mujeres que han padecido esta enfermedad. Además, este riesgo es mayor en mujeres que presentan esta enfermedad en edades más jóvenes y son estériles (21).

Por otro lado, la endometriosis es una patología en la cual subyace una inflamación crónica y una resistencia a la progesterona. El estado inflamatorio crónico junto con la falta de protección de la progesterona, asocian la endometriosis con CO, concretamente los subtipos carcinoma endometrioide y el carcinoma de células claras (22,23).

2.4. Obesidad

El tejido adiposo además de tener una función de reserva calórica funciona también como un órgano endocrino involucrado en procesos relacionados con la regulación de la glucemia, inmunidad y funciones reproductivas. La obesidad en mujeres postmenopáusicas se relaciona directamente con un aumento de la secreción adrenal de andrógenos y un incremento en la conversión de andrógenos a estrógenos endógenos. Por este motivo, la obesidad es un factor de riesgo para el desarrollo de ciertos tumores en mujeres postmenopáusicas, como el cáncer de mama y el cáncer de endometrio (24,25).

En esta misma línea, los estudios publicados hasta la fecha evidencian una posible relación entre niveles elevados de estrógenos asociados a la obesidad en mujeres postmenopáusicas y el CO, puesto que, estas hormonas promueven la proliferación celular del epitelio ovárico; pero los resultados de estos estudios no son concluyentes (26,27).

2.5. Historia familiar

El historial familiar de CO es el factor de riesgo más estudiado de todos, ya que el riesgo de desarrollar esta patología en familiares de primer y segundo grado se incrementa 3,6 y 2,9 veces respectivamente comparado con mujeres sin antecedentes familiares (28).

Esta agregación familiar se justifica en un 15-20% de los casos por la presencia de variantes patogénicas germinales en los genes *BRCA1* y *BRCA2*, además de otros genes relacionados con la recombinación homóloga (RH) o el síndrome de Lynch (29).

3. CLASIFICACIÓN Y PRONÓSTICO DEL CÁNCER DE OVARIO

El 90% CO tiene su origen en células epiteliales y el otro 10% derivan de células del epitelio germinal o estroma ovárico y cordones sexuales. Dentro de la expresión CO se agrupan los tumores con origen en el ovario, trompa de Falopio y peritoneo que presentan un comportamiento clínico similar.

3.1. Clasificación del CO

La clasificación del CO se realiza en función del tipo de lesión precursora y las características clínicas, patológicas y moleculares, agrupando estos tumores en dos grupos (**Tabla I.1**) (30).

El grupo I está formado por carcinomas serosos de bajo grado, carcinomas endometrioides de bajo grado, carcinoma de células claras, carcinomas mucinosos y tumores de Brenner. Este grupo se caracteriza por una mayor estabilidad genética, sin mutaciones en *TP53* y clínicamente son menos indolentes y se diagnostican en estadios precoces (31).

El grupo II incluye los carcinomas serosos de alto grado, carcinomas endometrioides de alto grado, carcinomas indiferenciados y carcinosarcomas. Suponen el 75% de los carcinomas de ovario, son genéticamente más inestables que los del grupo I. El 95% de los casos presentan mutaciones somáticas en el gen *TP53* y aproximadamente el 50% de estos tumores presentan errores en el mecanismo de reparación del ADN mediante RH. Clínicamente se caracterizan por ser agresivos y la mayoría se diagnostica en estadios avanzados (32). El origen de la mayoría de los carcinomas serosos de alto grado se encuentra en las fimbrias de las trompas de Falopio para luego diseminarse al ovario y cavidad peritoneal (33).

Tipo	Histología	Características moleculares
I	Carcinoma seroso de bajo grado	Mutaciones en *KRAS/BRAF* >60%
I	Carcinoma endometrioide de bajo grado	Mutaciones en *CTNNB1*, *PTEN* y *PI3K*. Inestabilidad de microsatélites
I	Carcinoma mucinoso	Mutaciones en *KRAS* >50%
I	Carcinoma de células claras	Mutaciones en *PI3K* y *PTEN*
II	Carcinoma seroso de alto grado	Mutaciones en *TP53* >80% Mutaciones en *BRCA* y otros genes RH
II	Carcinoma endometrioide de alto grado	Mutaciones en *BRCA, TP53* y *PI3K*

Tabla I.1. Características histológicas y moleculares de los carcinomas de ovario.

3.2. Estadiaje y supervivencia

La guía NCCN (*National Comprehensive Cancer Network*) para realizar el estadiaje del CO después de su diagnóstico recomienda utilizar los criterios según la Federación Internacional de Ginecología y Obstetricia (FIGO) o bien el sistema TNM (tumor, ganglio linfático, metástasis) de la *American Joint Committee on Cancer* (AJCC) (**Tabla I.2**).

Tumor primario (T)		
TNM	FIGO	
TX	-	El tumor primario no se puede estudiar.
T0	-	Sin evidencias de tumor primario.
T1	I	Tumor limitado los ovarios (uno o ambos).
T1a	IA	Tumor limitado a un ovario. Cápsula intacta, sin tumor en la superficie ovárica. Ausencia de células malignas en líquido ascítico y en lavados peritoneales.
T1b	IB	Tumor limitado en ambos ovarios. Cápsulas intactas, sin tumor en las superficies ováricas. Ausencia de células malignas en líquido ascítico y en lavados peritoneales.
T1c	IC	Tumor limitado en uno o ambos ovarios junto a uno de los siguientes criterios: cápsulas afectadas, tumor en la superficie ovárica, presencia de células malignas en líquido ascítico o en lavados peritoneales.
T2	II	Tumor en uno o ambos ovarios con diseminación en pelvis.
T2a	IIA	Tumor extendido y/o implantes tumorales en útero o trompa/s de Falopio. Ausencia de células malignas en líquido ascítico y en lavados peritoneales.
T2b	IIB	Tumor extendido y/o implantes en tejido pélvico. Ausencia de células malignas en líquido ascítico y en lavados peritoneales.
T2c	IIC	T2a/T2b con presencia de células malignas en líquido ascítico o en lavados peritoneales.
T3	III	Tumor en uno o ambos ovarios con metástasis peritoneales microscópicas fuera de pelvis confirmadas.
T3a	IIIA	Metástasis peritoneales microscópicas (no macroscópicas) fuera de pelvis.
T3b	IIIB	Metástasis peritoneales macroscópicas menores o iguales a 2cm fuera de pelvis.
T3c	IIIC	Metástasis peritoneal fuera de pelvis mayor a 2cm y/o nódulo linfático local positivo. Incluida metástasis en cápsula hepática sin afectación de parénquima hepático.
Nódulos linfáticos locales (N)		
NX	-	Los nódulos linfáticos no se pueden estudiar.
N0	-	Sin evidencia de afectación de los nódulos linfáticos.
N1	IIIC	Metástasis en nódulos linfáticos locales.
Metástasis a distancia (M)		
M0	-	Sin evidencia de metástasis a distancia.
M1	IV	Metástasis a distancia, no peritoneal. Incluida metástasis en parénquima hepático.

Tabla I.2. Estadificación según los criterios TNM y su equivalencia en criterios FIGO.

Después del diagnóstico, se realiza una primera cirugía donde se confirma la enfermedad y se registran los hallazgos relevantes para su estadiaje antes de proceder a la citorreducción tumoral. Este primer abordaje quirúrgico supone además de la primera línea de tratamiento, el principal factor pronóstico de la enfermedad. Puesto que, dependiendo de la estadificación del tumor, la supervivencia de los 5 primeros años después del diagnóstico puede ser en torno al 80% en estadios más bajos comparado con el 20% de los estadios más avanzados (**Tabla I.3**) (34).

Estadio	Supervivencia (%)				
	1 año	2 años	3 años	4 años	5 años
IA	98.4	96.2	93.5	91.1	89.6
IB	100	93.9	93.9	88.6	86.1
IC	96.3	91.4	87.9	85.6	83.4
IIA	93.0	87.2	79.7	78.1	70.7
IIB	93.4	84.5	76.6	71.9	65.5
IIC	93.6	85.6	82.3	75.8	71.4
IIIA	88.1	72.6	63.1	52.8	46.7
IIIB	85.7	70.6	56.8	47.7	41.5
IIIC	84.8	64.5	50.3	39.3	32.5
IV	72.4	48.4	35.2	24.8	18.6

Tabla I.3. Estadiaje y supervivencia del carcinoma de ovario. Datos tomados de Heintz A.P. et al. (34).

3.3. Otros factores pronósticos

Además de la repercusión que tiene el estadiaje en la supervivencia, es importante identificar aquellas pacientes con mayor riesgo de recaída. El riesgo de recaída puede llegar a ser de un 20% en estadios tempranos. No obstante, para estadios avanzados el factor más crítico para el pronóstico es la enfermedad residual tras la cirugía. El objetivo principal del tratamiento quirúrgico debe ser conseguir una citorreducción completa sin residuo tumoral macroscópico, debido a que la presencia de un residuo macroscópico mayor de 10 mm se asocia a una disminución significativa de la supervivencia (35).

Al igual que ocurre en otros tumores, la edad también supone un factor pronóstico. Los diagnósticos en mujeres con menor edad están asociados a una respuesta inmune más capacitada para actuar frente a células tumorales, limitando su diseminación. Por el contrario, los diagnósticos en edades más avanzadas se relacionan con una peor supervivencia (36,37). Relacionado con la respuesta inmune, la presencia de infiltrados de linfocitos T CD4+ y CD8+ peritumorales se relaciona también con una mayor supervivencia (38).

La monitorización de los niveles séricos del marcador tumoral CA-125 durante el tratamiento con quimioterapia puede ser un indicador de respuesta al tratamiento y, en consecuencia, de la supervivencia. Niveles de CA-125 inferiores a 35 U/mL después del primer ciclo de quimioterapia y la normalización de estos niveles durante los tres primeros ciclos del tratamiento son indicativos de una buena respuesta (39).

Según un metaanálisis de 27 publicaciones para cáncer de mama y ovario, se ha evidenciado que las pacientes portadoras de variantes patogénicas en *BRCA1* y *BRCA2* tenían una mayor supervivencia global (SG) que las no portadoras, así como una mayor supervivencia libre de progresión (40).

4. CÁNCER DE OVARIO HEREDITARIO

El descubrimiento de los genes *BRCA1* y *BRCA2* en los años 90 gracias a la comprensión de la etiología genética del cáncer. Permitió establecer la relación de estos genes con la susceptibilidad al cáncer de mama (CM) y CO entre otros. Los genes *BRCA1* y *BRCA2* se consideran genes de elevada prevalencia y se caracterizan por tener un patrón de herencia autosómica dominante en cuanto a la predisposición al cáncer. De modo que los individuos portadores de variantes patogénicas en línea germinal poseen una mayor predisposición a padecer cáncer a nivel somático. Respecto al tipo de herencia, aunque la penetrancia es elevada no es completa (41).

Desde entonces, se han conseguido avances en el conocimiento en la etiología y fisiopatología del cáncer hereditario. En este sentiendo, se han descubierto nuevos genes que también están asociados a un riesgo incrementado de padecer CO. Por otro lado, la tecnología también ha ido avanzando y el desarrollo de nuevas herramientas para el análisis genético como la secuenciación masiva (NGS, *Next Generation Sequencing*) ha permitido que se abarate el coste de estas pruebas. Todo esto ha conllevado la aparición de paneles de genes, lo cuales hacen posible estudiar varios genes en un mismo análisis. Sin embargo, la aplicación de estos paneles en el ámbito clínico del cáncer de ovario hereditario está suponiendo un reto para los profesionales del laboratorio y los clínicos, debido al hallazgo de variantes en estos genes, de las que se desconoce su implicación clínica por no estar previamente descritas.

La genética subyacente al CO se puede dividir en tres componentes principales (**Figura I.2**):

- Variantes genéticas muy raras en la población, las cuales están asociadas a un riesgo muy elevado de desarrollar cáncer.
- Variantes genéticas relativamente raras en la población, asociadas a un riesgo intermedio de desarrollar cáncer.
- Variantes genéticas comunes en la población, las cuales están asociadas a un riesgo intermedio de desarrollar cáncer.

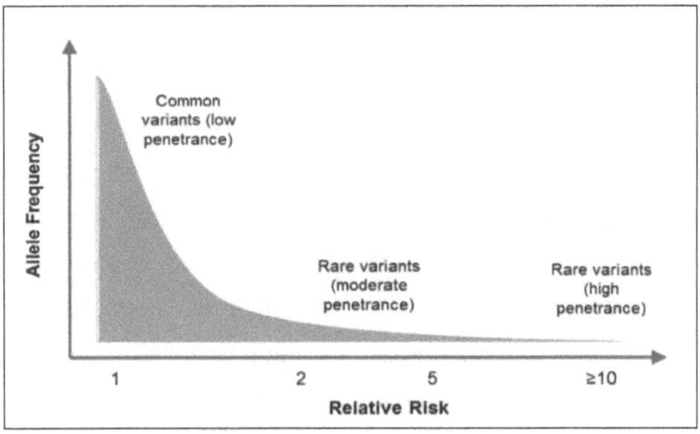

Figura I.2. Frecuencia alélica de las variantes genéticas y el riesgo relativo de desarrollar cáncer. Tomado de Andrews L. et al. (42).

Aproximadamente un 20% de mujeres diagnosticadas de CO podrían ser portadoras de variantes patogénicas germinales (43). Se estima que un 15% de estas variantes patogénicas germinales lo sean en los genes *BRCA1* y *BRCA2* mientras que un 0.5-2% se encuentran en genes relacionados con el síndrome de Lynch (44). El estudio del síndrome de cáncer de mama y ovario hereditario (SCMOH) en los últimos años ha permitido descubrir mutaciones en genes implicados en la vía de la RH que también confieren un mayor riesgo de desarrollar CO (45).

4.1. Estudio genético CO

Se estima que alrededor de una quinta parte de los diagnósticos de CO presentan un componente hereditario. Las variantes patogénicas en los genes *BRCA1* y *BRCA2* pueden explicar entre un 65-85% de los casos de cáncer de ovario hereditario. El entendimiento de las vías de reparación del ADN, en concreto la RH y la vía de la anemia de Fanconi, ha permitido identificar más genes que confieren un incremento de riesgo de desarrollar CO. Según los estudios publicados, mutaciones germinales en estos genes podrían estar asociadas hasta un 30% de las familias no portadoras de variantes patogénicas en *BRCA1* y *BRCA2* con un fenotipo compatible de cáncer de ovario hereditario (**Figura I.3**) (43,45).

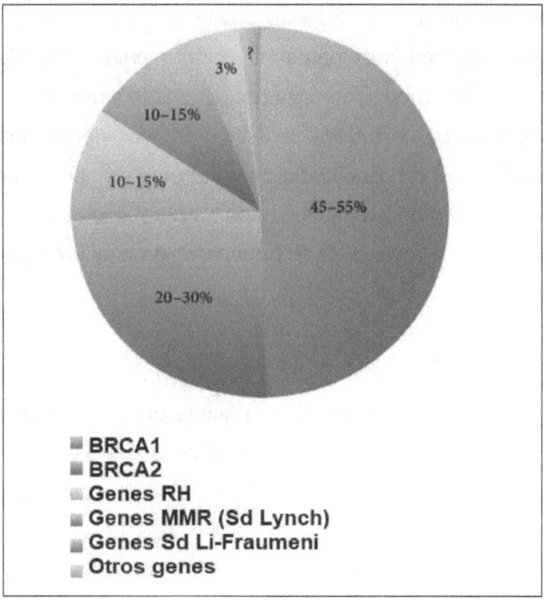

Figura I.3. Genes implicados en el cáncer de ovario hereditario y su prevalencia. Tomado de Toss A. et al. (45).

4.2. Criterios de selección

Las técnicas de diagnóstico genético para el CO se centran en el análisis de variantes patogénicas en línea germinal y somática de los genes responsables. En el caso de las mutaciones en línea germinal, estas variantes están presentes en todas las células del organismo, incluidos los gametos, por lo que son hereditarias. En base a esto, se distinguen dos tipos de análisis genético según su finalidad:

- Diagnósticos: estos se realizan en pacientes afectos de cáncer en los que se sospecha que esta patología sea de origen hereditario. El paciente seleccionado para este estudio se denomina caso índice (CI) y se le realiza un estudio genético de aquellos genes que pueden estar implicados (al menos *BRCA1* y *BRCA2*).

- Predictivos de riesgo: estos se llevan a cabo en personas sanas familiares de un CI en el que se ha encontrado una variante que explica la enfermedad. Mediante este análisis se pretende conocer si dicho familiar ha heredado la mutación asociada a un mayor riesgo de padecer cáncer. En este caso se analizará únicamente la variante genética hallada en el CI.

La SEOM recomienda que en ambos casos se realice un correcto asesoramiento genético pre y post-análisis. El consejo genético previo al análisis asegura que los pacientes estén correctamente informados de los beneficios y limitaciones del análisis genético. Por su parte, el consejo post-análisis tiene como objetivo informar sobre el riesgo de desarrollar cáncer, dar recomendaciones de prevención y diagnóstico precoz e informar sobre las opciones reproductivas.

5. TIPOS DE ERRORES EN EL ADN Y MECANISMOS DE REPARACIÓN

El reconocimiento del daño en el ácido desoxirribonucleico (ADN) para su reparación es esencial para el correcto funcionamiento celular y el mantenimiento de la estabilidad genómica. Este daño se puede clasificar en dos grupos: daños en una única hebra de ADN (*single-strand breaks* o SSBs) y daños en ambas hebras del ADN (*double-strand breaks* o DSBs). Para cada tipo de daño existen mecanismos de reparación específicos, las características de cada mecanismo se resumen en la siguiente tabla (**Tabla I.4**).

	Mecanismo	Tipo de daño en el ADN	Reparación	Proteínas clave	Fase del ciclo celular
Daños en una hebra	Reparación por escisión de base (BER)	Rotura de cadena por oxidación, alquilación, hidrólisis o desaminación	Puntual de un nucleótido	PARP	Todas
	Reparación por escisión de nucleótidos (NER)	Dímeros de timina (uniones intracadena)	2 – 30 nucleótidos y distorsiones de hélice	XP, polimerasas	Todas
	Reparación de desajustes de ADN (MMR)	Inserciones, deleciones durante la replicación y recombinación del ADN	Empareja nucleótidos no complementarios y mantiene la estabilidad de los microsatélites	MLH1, MSH2, MSH6, MLH3, PMS2	Final de la replicación del ADN (S)
Daños en ambas hebras	Unión de extremos no homólogos (NHEJ)	Rotura de ambas hebras del ADN (extremos rotos sin molde)	Alineamiento y ligación de los extremos terminales	DNA-PXcs, Mre11, RAD50, NBS1	G0 y G1
	Recombinación homóloga (RH)	Errores y rotura de ambas hebras durante la replicación del ADN	Mantiene la estabilidad genómica mediante recombinación con la cromátida hermana	ATM, BRCA1/2, CHEK2, RAD51, BRIP1, PALB2	S

Tabla I.4. Resumen de los posibles daños en el ADN y sus principales mecanismos de reparación.

5.1. Daños en una hebra de ADN

Los daños en una hebra de ADN, también denominados DNA *single-strand breaks* (SSBs) ocurren cuando sólo una de las dos cadenas de la doble hélice tiene un defecto y la otra hebra puede ser utilizada como molde para la corrección de la cadena dañada. Para reparar este daño en una de las moléculas pareadas de ADN, existen varios mecanismos de reparación de escisiones, que eliminan el nucleótido dañado y lo sustituyen por un nucleótido nuevo complementario al que se encuentra en la cadena de ADN no dañada utilizada como molde.

5.2. Reparación por escisión de bases (BER)

El mecanismo de reparación por escisión de bases o BER del inglés *base-excision repair*, es el mecanismo de reparación de roturas de una hebra de ADN y modificaciones de bases sin alteración de la doble hélice. En este proceso se reparan daños a un único nucleótido causados por oxidación, alquilación, hidrólisis o desaminación. Una glicosidasa reconoce y escinde la base nitrogenada del nucleótido dañado, generando un hueco apurínico o apirimidínico. El esqueleto pentosa-fosfato residual es eliminado por una APE endonucleasa y finalmente es sustituido por el nucleótido adecuado por la poli ADP-ribosa polimerasa PARP-1 y el complejo BER. La proteína PARP-1 sirve como detector de las roturas de la cadena de ADN e inicia la reparación (**Figura I.4**). Si se inhibe la actividad de la enzima PARP-1 se produce una acumulación de errores sin reparar. Esto permitió desarrollar el concepto de letalidad sintética que permitió desarrollar fármacos inhibidores de PARP-1 (PARPi) que aumentan la supervivencia libre de progresión en CO con variantes patogénicas en *BRCA1* o *BRCA2* (46).

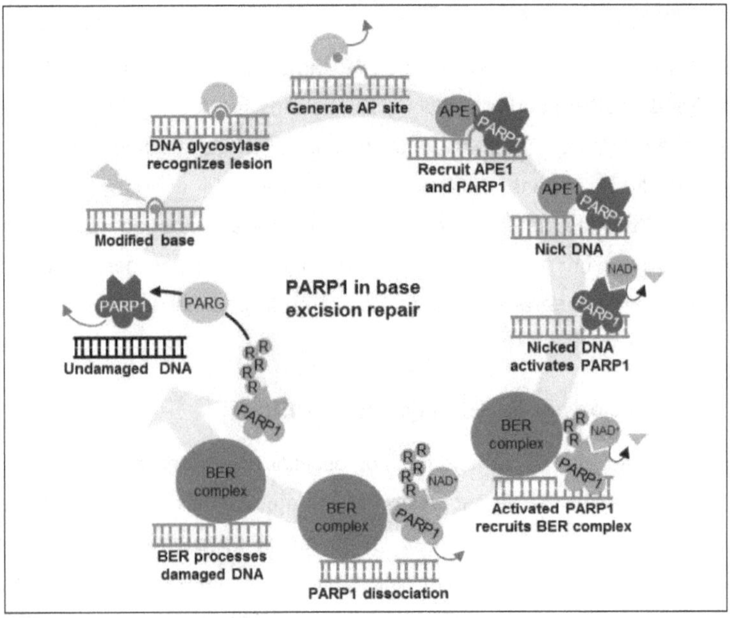

Figura I.4. Papel de la proteína PARP-1 en la reparación del ADN, reclutando el complejo para la reparación por BER. Tomado de Ko H.L. et al. (47).

5.3. Reparación por escisión de nucleótidos (NER)

El mecanismo de reparación por escisión de nucleótidos o NER del inglés *nucleotide-excision repair*, es el mecanismo de reparación de lesiones que afectan entre dos y treinta nucleótidos que distorsionan la hélice, como los dímeros de timina. Mediante este proceso se reparan las lesiones por radiación ultravioleta y quimioterapia derivada del platino (46).

5.4. Reparación de desajustes de ADN (MMR)

Las reparaciones anteriores se llevan a cabo antes de finalizar la replicación. La reparación de desajustes de ADN o MMR del inglés *mismatch repair* es un sistema de reconocimiento y reparación de inserciones, deleciones o incorporación errónea de bases que pueden originarse durante la replicación y recombinación del ADN que actúa cuando la replicación ya ha concluido. Este mecanismo corrige los errores de nucleótidos no dañados, pero mal apareados.

Los genes implicados en este proceso son *MLH1* (*mutL homolog 1*), *MSH2* (*mutS homolog 2*), *MSH6* (*mutS homolog 6*), *MLH3* (*mutL homolog 6*) y *PMS2* (*PMS1 homolog 2*). El fallo de este mecanismo de reparación provoca la acumulación de secuencias repetidas de nucleótidos que se traduce en inestabilidad de microsatélites. Las variantes patogénicas en estos genes son responsables del síndrome de Lynch, un síndrome de cáncer hereditario que aumenta el riesgo de desarrollar cáncer colorrectal fundamentalmente, pero también de endometrio, ovario y estómago entre otros (45).

5.5. Daños en ambas hebras del ADN

Las roturas de doble hebra o *double-strand breaks* (DSBs) son aquellas en las cuales se rompen ambas hebras de la doble hélice del ADN, son particularmente peligrosas para las células debido a que causan problemas de estabilidad en el genoma. Existen dos mecanismos que reparan estas roturas: la unión de extremos no homólogos (NHEJ del inglés *Non-homologous DNA End Joining*) y la RH.

5.6. Unión de extremos no homólogos (NHEJ)

La unión de extremos no homólogos es un método menos preciso que la RH y con mayor tasa de error, pero tiene un papel esencial en la minimización de daño en el ADN en las fases G0 y G1 del ciclo celular. Este tipo de reparación ocurre en estas fases en las cuales no hay una hebra molde intacta para poder llevar a cabo una reparación homóloga. Se considera un mecanismo de reparación no homólogo porque los extremos rotos están directamente ligados sin la necesidad de un molde. Al contrario que la RH, que requiere una secuencia homóloga para guiar la reparación. Este mecanismo se divide en 3 fases (48):

- Fase de reconocimiento: el inicio del proceso se desencadena por la unión de un complejo proteico heterodimérico (compuesto por las proteínas KU70 y KU80) a ambos extremos rotos del ADN, el cual se une. La unión de este complejo heterodimérico KU a los extremos rotos del ADN es lo que ocurre inmediatamente después de originarse la rotura y sirve como base para la intervención de otras proteínas que continuarán con el proceso de reparación, y así formar una estructura que finalmente logré la unión de los extremos,

- Fase de procesamiento: El heterodímero KU se desliza hacia el interior de la doble hebra de ADN, permitiendo la interacción de las subunidades catalíticas (ADN-PKcs) de la enzima ADN-quinasa con los extremos del ADN. Este paso estabiliza los extremos del ADN y evita la resección. Para llevar a cabo el alineamiento de los dos extremos terminales del ADN es necesario el complejo ARTEMIS/ADN-PKcs, con actividad nucleasa. Este mecanismo está sometido a errores frecuentes por la pérdida de nucleótidos en el punto de reparación.
- Fase de terminación: el complejo XRCC4/liga-salV lleva a cabo la ligación de los fragmentos sintetizados terminando el proceso.

5.7. Recombinación homóloga (RH)

La RH es un tipo de recombinación genética durante la cual las secuencias de nucleótidos son intercambiadas entre dos cromátidas hermanas de ADN. Es un proceso crucial para la conservación de los organismos, debido a que mantiene la integridad genómica mediante la reparación de las rupturas de la doble hebra de ADN. Estos daños son generados durante la replicación del ADN (fase S del ciclo celular) y preferentemente reparados mediante recombinación con la cromátida hermana. El proceso de la RH consta de los siguientes pasos (**Figura I.5**):

1. Reconocimiento de la DSB. Cuando se produce una rotura de la doble cadena de ADN, se produce el reconocimiento de este sitio y la unión de proteínas reparadoras. Las quinasas ATM y ATR reconocen esta rotura y fosforilan a otras proteínas implicadas en el proceso de reparación: CHEK2, P53, BRCA1 y H2AX. BRCA1 mantiene ensambladas y organizadas a estas proteínas. A continuación, las proteínas BARD1 y BRIP1 interaccionan con BRCA1.
2. Preparación de los extremos 3´. El complejo MRN, formado por las proteínas MRE11, RAD50 y NSB1 con actividad exonucleasa 5´-3´, proceso los extremos de ADN roto. Extrae los extremos 5´ generados

por la rotura hasta generar dos extremos 3' en forma de ADN monocatenario. Estos extremos serán reconocidos por la proteína de replicación A (RPA).

3. Transporte de RAD51. La proteína RPA se une a los extremos 3' de las monohebras de ADN. La proteína BRCA2 es reclutada con la ayuda de PALB2 y transporta a RAD51 al ADN cubierto por RPA, este transporte es asistido por las proteínas RAD51B, RAD51C y RAD51D. La unión de RAD51 con el extremo de ADN-RPA forma la estructura denominada nucleofilamento.
4. Invasión de la hebra homóloga del ADN. Una vez se ha formado el nucleofilamento tiene lugar la reacción principal de la RH, la invasión de la cromátida homóloga que sirve como molde.
5. Síntesis y reparación del ADN. La cadena de ADN constituye un molde para una reparación de ADN de alta fidelidad y libre de error mediante una ADN polimerasa. Por último, las ligasas y helicasas finalizan el proceso dando como resultado dos moléculas de doble cadena de ADN intactas.

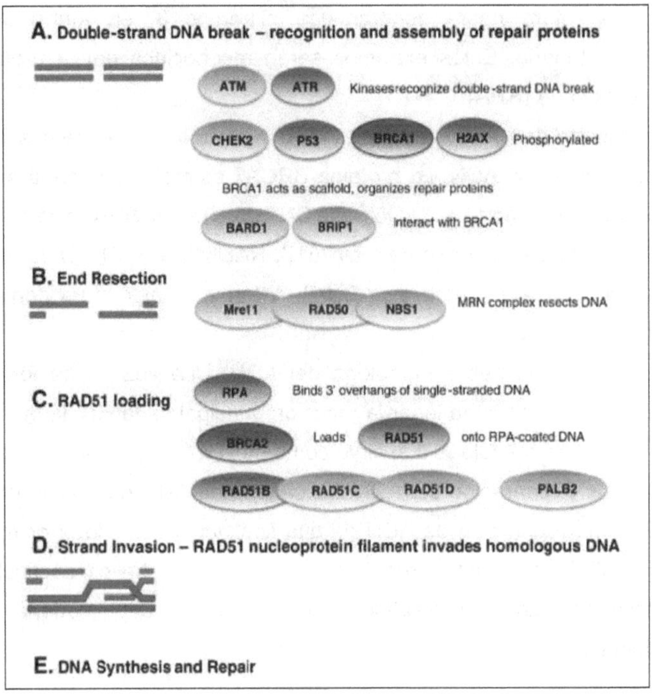

Figura I.5. Proteínas implicadas en la vía de la recombinación homóloga. A. Reconocimiento de DSB por las proteínas ATR y ATM. BRCA1 coordina las proteínas implicadas en el proceso asistido por BARD1 y BRIP1. B. Resección del ADN por el complejo MRN. C. Unión a la proteína RPA al fragmento 3´ de cadena sencilla. Reclutamiento de RAD51 por BRCA2, asistido por PALB2. D. Invasión de la cromátida homóloga del ADN por el nucleofilamento. E. Síntesis y reparación del ADN. Tomado de Walsh C.S. el al. (49).

6. GENES RELACIONADOS CON EL CÁNCER DE OVARIO HEREDITARIO

Las variantes patogénicas en los dos principales genes de susceptibilidad *BRCA1* y *BRCA2* explican entre un 65-85% de los casos de cáncer de ovario hereditario. Estos genes siguen un modelo de herencia autosómica dominante de alta penetrancia e intervienen en el proceso de la RH. Aunque no se descarta la posibilidad de identificar un nuevo alelo de alta penetrancia, en la actualidad se sugiere la participación de múltiples genes de susceptibilidad asociados a riesgos menores. La mayoría de estos genes son esenciales para la estabilidad genómica celular y están relacionados con la reparación de daño en el ADN mediante RH. Estos genes también están asociados al incremento de riesgo frente a otros tipos de cáncer como páncreas o colorrectal (32,50,51).

6.1. Genes relacionados con el Síndrome de Cáncer de Mama y Ovario Hereditario (SCMOH)

Hasta un 50% de los carcinomas de ovario epiteliales de alto grado no mucinosos muestran alteraciones germinales o somáticas en genes implicados en la vía de la RH. Por este motivo, desde el año 2018 la SEOM incluyó en los criterios de inclusión para el estudio genético de cáncer hereditario el diagnóstico de este tipo de CO, criterio independiente de la historia familiar (52).

Las variantes patogénicas germinales en *BRCA1* y *BRCA2* son las alteraciones más frecuentes, estando presentes en un 15% de los diagnósticos de cáncer de ovario. Los genes implicados en la RH que se han relacionado con el cáncer de ovario se detallarán a continuación (32).

6.1.1. Estructura y función de BRCA1

El gen *BRCA1* (OMIM: 113705) se encuentra en el brazo largo del cromosoma 17 (17q21.31). Este gen está formado por 22 exones codificantes que se traducen en una proteína formada por 1863 aminoácidos (NP_009225). La proteína BRCA1 tiene cuatro dominios: un dominio de dedos de zinc o *RING finger* (mediante el cual se dimeriza con BARD1 para formar la E3 ubiquitin ligasa) muy conservado filogenéticamente, el dominio *coiled-coil* (mediante el cual se une a PALB2) y dos copias repetidas en tándem del dominio BRCT, dominio muy conservado presente en diversas proteínas implicadas en la reparación del ADN, al facilitar la unión de fosfoproteínas como la ADN helicasa BACH1 (esencial para el correcto funcionamiento del punto de control G2/M) y el complejo CtIP (co-represor de la transcripción). La región central comprendida entre los exones 11 y 13 corresponde al 65% de los aminoácidos que constituyen la proteína. En esta región se encuentran dos señales de localización nuclear (NLS) y el dominio SQCD donde se encuentran los residuos de serina/glutamina, sustrato de la fosforilación mediada por ATM. (**Figura I.6**) (53,54).

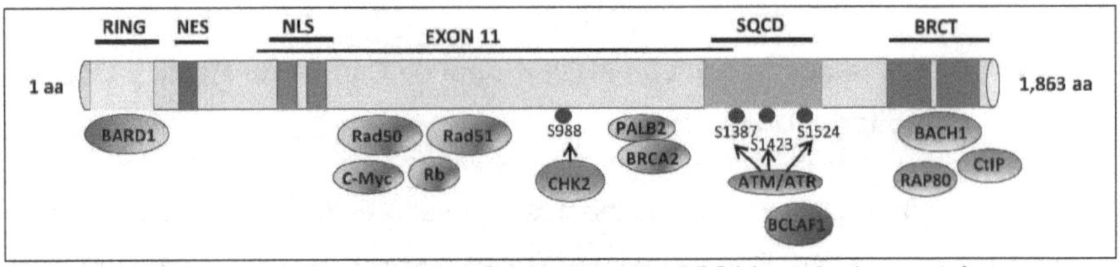

Figura I.6. Esquema de los dominios funcionales de BRCA1 y de las proteínas que interaccionan con él. Tomado de Mylavarapu S. et al. (55).

BRCA1 es un gen supresor de tumores involucrado en funciones celulares básicas necesarias para la replicación celular y síntesis de ADN. Las personas portadoras de variantes patogénicas en *BRCA1* presentan un riesgo acumulado de padecer CO a los 80 años del 45%, sobre todo de cáncer de ovario epitelial seroso de alto grado (56).

La proteína BRCA1 actúa como un eje central que coordina varias vías celulares para mantener la estabilidad genómica. Esta función es llevada a cabo mediante su involucración directa en la vía de la RH. Además, participa en la remodelación de la cromatina, en el ciclo de ubiquitinación de proteínas y regula el ciclo celular y la transcripción del ADN (57).

6.1.2. Estructura y función de BRCA2

El gen *BRCA2* (OMIM: 600185) se encuentra en el brazo largo del cromosoma 13 (13q13.1). A partir de 26 exones codificantes se origina una proteína de 3418 aminoácidos (NP_000050). La proteína BRCA2 contiene los dominios funcionales que están representados en la (**Figura I.7**). El extremo N-terminal contiene un dominio RING que interacciona con PALB2. A continuación hay ocho unidades consecutivas de repeticiones BRC mediante las cuales se produce la unión a RAD51. El dominio de unión a ADN está formado por un dominio helicoidal que constituye la región DBD (*DNA binding domain*) con capacidad de unión al ADN monocatenario o bicatenario. Por último, en el extremo C-terminal se encuentran dos señales de localización nuclear además de ser un punto de unión a RAD51.

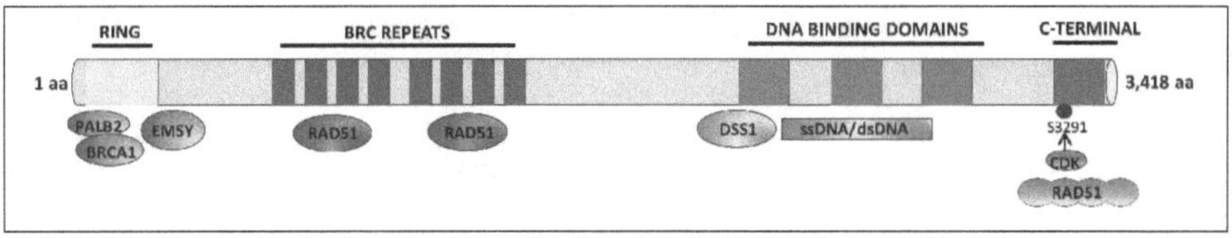

Figura I.7. Esquema de los dominios funcionales de BRCA2 y de las proteínas que interaccionan con él. Tomado de Mylavarapu S. et al. (55).

El gen *BRCA2* también actúa como supresor de tumores, aunque tiene un papel más específico en la reparación del ADN que *BRCA1*, debido a que regula la actividad del gen *RAD51C* e interacciona con PALB2. Las mujeres portadoras de variantes patogénicas en este gen tienen un riesgo acumulado de padecer CO a los 80 años del 12%. El CO más común es, al igual que en portadoras de mutaciones en *BRCA1*, el cáncer de ovario epitelial seroso de alto grado (56).

La proteína BRCA2 juega un papel fundamental en el proceso de la RH ya que se encarga de transportar RAD51 a los focos de lesión del ADN dentro del núcleo celular. Esta función es especialmente importante debido a que la proteína RAD51 carece de señales propias de localización nuclear.

6.1.3. Variantes genéticas en *BRCA1* y *BRCA2*

En *BRCA1* se han encontrado variantes patogénicas a lo largo de toda la secuencia codificante del gen. La mayoría son variantes que producen alteraciones en el marco de lectura y producen proteínas truncadas, principalmente mutaciones puntuales (cambios de un solo nucleótido, o pequeñas inserciones o deleciones). En cuanto a los grandes reordenamientos, la proporción varía según la población, siendo más frecuentes en *BRCA1* que en *BRCA2* (58,59). En España, un 8,2% de las variantes patogénicas en *BRCA1* son grandes reordenamientos (60).

Por otro lado, las variantes patogénicas que se encuentran con más frecuencia en *BRCA2* son pequeñas inserciones o deleciones, mientras que el resto corresponden a mutaciones con cambio de un solo aminoácido por otro, o *missense*, y a alteraciones del proceso de empalme del ácido ribonucleico

(ARN) o *splicing*, siendo los grandes reordenamientos mucho menos comunes que en *BRCA1* (58,59).

Aproximadamente un 30% de las variantes se deben a mutaciones *missense*, este tipo de variantes requieren estudios de funcionalidad de la proteína para averiguar su relevancia clínica. Las variantes de significado desconocido o VUS (*variants of uncertain significance*), en los genes *BRCA1* y *BRCA2*, pueden suponer hasta un 20% de las variantes halladas cuando se estudia cáncer hereditario (61).

Existe una correlación entre la localización de la alteración genética y el riesgo a desarrollar cáncer de mama o cáncer de ovario. En ambos genes se han descrito regiones que confieren un mayor riesgo de cáncer de mama u ovario con respecto a mutaciones en otras localizaciones del gen. Estas regiones se denominan BCCR (*Breast Cancer Cluster Region*) y OCCR (*Ovarian Cancer Cluster Region*). Las variantes patogénicas localizadas en la zona central del exón 11 de los genes *BRCA1* y *BRCA2* se asocian a un incremento relativo de riesgo de cáncer de ovario frente al cáncer de mama; en *BRCA2* esta zona coincide con la repetición de los dominios BRC. También en *BRCA2* se ha descrito una segunda OCCR cerca de los dominios de interacción con el ADN. (**Figura I.8**) (62).

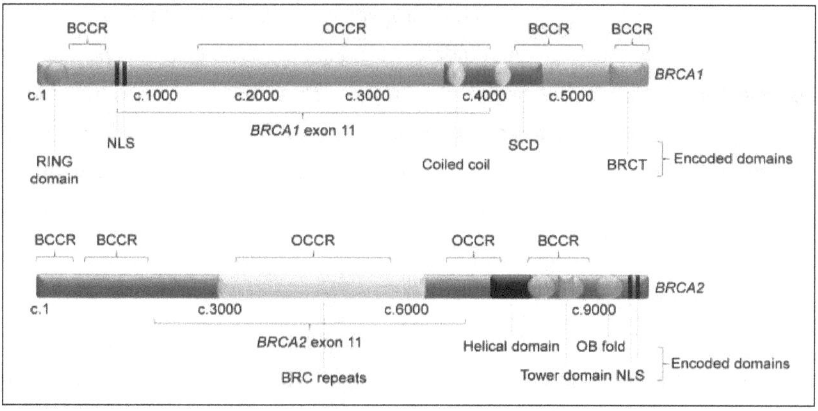

Figura I.8. Estructura de BRCA1 y BRCA2 con las localizaciones de las regiones BCCR (*Breast Cancer Cluster Region*) y OCCR (*Ovarian Cancer Cluster Region*). Tomado de Hollis RL, et al. (63).

Las portadoras de variantes patogénicas en *BRCA1* y *BRCA2* tienen un riesgo acumulado de cáncer de mama a los 70 años del 57% para *BRCA1* y del 49% para *BRCA2*. Por otro lado, el riesgo acumulado para cáncer de ovario es de 40% para *BRCA1*, con una edad media de diagnóstico de 50 años y del 18% para *BRCA2*, con una edad media del diagnóstico de 60 años (64,65).

En mujeres diagnosticadas de cáncer de mama el riesgo de desarrollar cáncer de ovario a los 10 años es del 12,7% para portadoras de variantes patogénicas en *BRCA1* y del 6,8% en *BRCA2* (66). Las variaciones en la penetrancia de estas variantes se deben a los modificadores de riesgo endógenos o ambientales (factores reproductivos, estilo de vida) y genéticos (presencia de polimorfismos de bajo riesgo y genes modificadores de riesgo) (67).

6.1.4. Gen relacionado con ataxia-telangiectasia: *ATM*

Variantes patogénicas germinales bialélicas en el gen *ATM* producen ataxia telangiectasia, una enfermedad de herencia autosómica recesiva, la cual se caracteriza por ataxia cerebelar progresiva, telangiectasia, enfermedades inmunes e hipersensibilidad a la radiación ionizante. Esta patología también está asociada a predisposición a ciertos tipos de cáncer como linfomas y leucemia (68,69).

Por otro lado, las variantes patogénicas germinales en heterocigosis están relacionadas con un incremento de riesgo de SCMOH, además se ha descrito un aumento de riesgo de cáncer en otras localizaciones como estómago, pancreático, colorrectal, melanoma, etc. Respecto al CO, estudios recientes vinculan a este gen con un riesgo potencial de desarrollar esta patología (43,70–72).

6.1.4.1. Estructura y función de ATM

El gen *ATM* es un gen de gran tamaño localizado en el brazo largo del cromosoma 11 (11q22.3). Está compuesto por 63 exones, de los cuales 62 codifican la proteína ATM compuesta por 3056 aminoácidos. Esta proteína tiene cuatro dominios, un dominio TAN esencial para el mantenimiento de la longitud de los telómeros y para la respuesta al daño del ADN, un dominio FAT que interacciona con el dominio ATM quinasa para estabilizar la región C-terminal de la proteína ATM, el domino PI3-PI4 kinasa y el dominio FATC que puede tener función estructural o de unión a proteínas (**Figura I.9**).

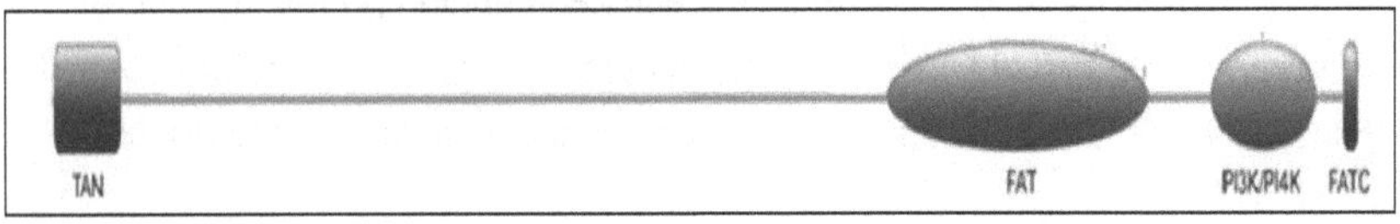

Figura I.9. Representación esquemática de los dominios de la proteína ATM. Tomado de Athanasakis E, et al. (73).

El gen *ATM* codifica una fosfatidilinositol 3-quinasa, la función principal de esta proteína es la regulación del ciclo celular y la señalización de daño en ADN de doble cadena. Debido a que la proteína ATM fosforila a CHEK2 en respuesta a la radiación ionizante o la rotura de ADN de doble cadena.

6.1.5. Genes relacionados con la anemia de Fanconi

La anemia de Fanconi es una enfermedad de herencia autosómica recesiva. Esta patología se manifiesta cuando se heredan variantes patogénicas bialélicas en los genes involucrados en la vía de la anemia de Fanconi. Dicha patología se caracteriza por inestabilidad cromosómica, aplasia medular, malformaciones congénitas, elevada susceptibilidad para el desarrollo de neoplasias sólidas y hematológicas, además de hipersensibilidad a agentes intercalantes del ADN como el cisplatino o el carboplatino y otros agentes alquilantes. Dando como resultado un incremento de translocaciones cromosómicas (74).

Por otro lado, variantes patogénicas monoalélicas en estos genes se vinculan a un aumento de riesgo de padecer CM y/o CO dentro del contexto del SCMOH (75). Se han descrito 16 genes implicados en el desarrollo de la anemia de Fanconi. Las proteínas codificadas por estos genes participan en la reparación de los entrecruzamientos intercatenarios y en el mantenimiento de la estabilidad genómica durante la replicación del ADN. Estos errores impiden la transcripción y la replicación del ADN por lo que deben eliminarse durante todas las etapas del ciclo celular. La reparación de estas lesiones especialmente perjudiciales se realiza mediante un mecanismo de reparación denominado vía de la anemia de Fanconi, el cual se coordina con la RH (76).

La vía de la anemia de Fanconi se activa cuando la horquilla de replicación del ADN se detiene al encontrar un enlace cruzado de ADN o ICL del inglés *interstrand crossed links* en la fase S del ciclo celular. El mecanismo principal de esta vía es la monoubiquitización de las proteínas FANCD2 y FANCI mediada por el complejo de proteínas *FA core complex* con actividad ubiquitina ligasa. Posteriormente FANCD2 recluta las nucleasas que rompen la cadena de ADN a ambos lados del ICL generando el daño de doble hebra que será reparado por la vía de la RH descrita anteriormente (77).

6.1.5.1. Estructura y función de *PALB2*

El gen *PALB2* (OMIM: 610355) se encuentra en el brazo corto del cromosoma 16 (16p12.2). A partir de 13 exones codifica una proteína de 1186 aminoácidos, la cual acompaña y localiza a BRCA2, de ahí su nombre (*partner and localizer of BRCA2*). La proteína PALB2 está formada por dos dominios de unión a ADN, dos regiones de interacción con RAD51, un dominio ChAm o de asociación a la cromatina, un conjunto de repeticiones WD40 de 40 aminoácidos y un dominio de autointeracción. La proteína BRCA2 interacciona con PALB2, con RAD51 y con la unión entre el ADN simple y el de doble cadena, produciéndose la etapa final del proceso de la RH.

Variantes patogénicas germinales monoalélicas en este gen impiden que se lleve a cabo esta reparación de manera correcta, provocando un aumento del riesgo de cáncer. Inicialmente el análisis de este gen fue respaldado por un estudio que concluyó que las variantes patogénicas en este gen implican un riesgo de desarrollar cáncer de mama similar al de *BRCA2*, aunque la frecuencia de mutaciones en este gen es relativamente baja (0,1%-2,7%) (78).

Por otro lado, en un estudio realizado en población española se identificaron variantes patogénicas en *PALB2* en aproximadamente el 1% de los casos de cáncer de mama familiar, así como en el 3-4% de los casos de cáncer de páncreas familiares (50). Además, hay diversos estudios que lo relacionan con una mayor susceptibilidad hereditaria a cáncer de mama en el varón (79). En cuanto a su relación con el CO, estudios en poblaciones de mujeres diagnosticadas de CO estiman que alrededor del 2% de los casos serían portadoras de variantes patogénicas en *PALB2* (80,81). También existen evidencias que correlacionan la presencia de variantes patogénicas en *PALB2* con un incremento de riesgo de entre 4 y 5 veces de CO respecto a población control (43,82).

6.1.5.2. Estructura y función de *BRIP1*

El gen *BRIP1* o también denominado *FANCJ* (OMIM: 605882) está localizado en el brazo largo del cromosoma 17 (17q23.2). Este gen está formado por 19 exones codificantes que originan una proteína de 1.249 aminoácidos (NP_114432). Esta proteína está compuesta por ocho dominios helicasa, un dominio de unión a BLM y otro de unión a MRE11 (**Figura I.15A**). Actúa como una ADN helicasa que interacciona con el dominio BRCT de BRCA1 durante la reparación del ADN en la RH. Además, BRIP1 colabora con otras proteínas implicadas en la detección de daño en ADN y su reparación (83). Otra función de esta proteína es resolver las estructuras de cuádruplex de guanina (G4), las cuales afectan a la replicación y la transcripción. De esta manera se alivia el estrés durante la replicación, además de preservar ciertas estructuras cromosómicas como los telómeros, mantener la estabilidad genómica y la homeostasis celular (84).

Las variantes patogénicas halladas en este gen se asocian a un riesgo incrementado de CO. Se estima que un 1,4% de las mujeres diagnosticadas de CO podrían ser portadoras de una mutación en este gen, lo que supondría ser después de los genes *BRCA1* y *BRCA2*, el tercer gen con mayor frecuencia de variantes patogénicas relacionadas con el CO (43,85).

6.1.5.3. Estructura y función de *RAD51C* y *RAD51D*

El gen *RAD51C* (OMIM: 602774) y el gen *RAD51D* (OMIM: 602954) se localizan en el brazo largo del cromosoma 17. El gen *RAD51C* (17q22) forma a partir de 9 exones codificantes una proteína de 376 aminoácidos (NP_478123). El gen *RAD51D* (17q12) da lugar a partir de 10 exones otra proteína de 328 aminoácidos.

Ambos pertenecen a la familia de genes RAD51-like que codifican enzimas con actividad recombinasa y juegan un papel fundamental en la RH. Las proteínas codificadas por estos genes, junto con el resto de las proteínas de la familia RAD51 participan en la formación del nucleofilamento, un complejo que cataliza el emparejamiento entre el ADN de una hebra y el de dos hebras para que se produzca la síntesis y reparación del ADN dañado. Para iniciar esta vía es necesario que BRCA2 reclute a RAD51 y lo sitúe en el ADN dañado.

Ambos genes se asocian con un riesgo incrementado de CO. El riesgo acumulado de desarrollar CO en portadores de variantes patogénicas en *RAD51C* es del 1,3% a los 50 años. En portadoras de variantes patogénicas en *RAD51D* suponen un riesgo acumulado relativo de padecer CO a los 50 años del 3% (86,87).

En población española hay estudios en los que se detecta un 1,3% de mutaciones en *RAD51C* en familias con SCMOH. Además, alrededor de un 1% de las familias con SCMOH españolas sin mutaciones en *BRCA1/BRCA2* son portadoras de mutaciones en *RAD51D* (88–90).

6.2. Otros síndromes relacionados con el cáncer de ovario hereditario

El CO es un componente patológico presente en otros síndromes de cáncer hereditario como el síndrome de Lynch, el síndrome de Li-Fraumeni o el síndrome de Peutz-Jeghers.

6.2.1. Síndrome de Lynch

El síndrome de Lynch o síndrome de cáncer colorrectal hereditario no asociado a poliposis es el síndrome de predisposición al cáncer de ovario más frecuente después de SCMOH. Esta patología es responsable de un 10-15% de los casos de CO hereditarios y de hasta un 1% de los casos de CO en general. Este síndrome presenta una herencia autosómica dominante y se manifiesta por variantes patogénicas en los genes involucrados en el mecanismo MMR. Las variantes patogénicas en los genes *MSH2*, *MLH1*, *MSH6* y *PMS2*, además de estar asociadas a un mayor riesgo de desarrollar CO, también están asociadas a un mayor riesgo de desarrollar otros tipos de cáncer como el colorrectal, endometrio, estómago, intestino delgado, tracto hepatobiliar, tracto urinario superior, cerebro y piel (43,91,92).

En el año 2022 el gen *EPCAM* se ha incluido en la guía NCCN de manejo de cáncer familiar de CO. Mutaciones en este gen dan lugar al silenciamiento del gen *MSH2* y son causantes de aproximadamente el 1% de los casos de síndrome de Lynch. Además se han encontrado evidencias de una correlación directa entre variantes patogénicas en este gen y un incremento de riesgo de desarrollar CO (93,94).

6.2.2. Síndrome de Li-Fraumeni

El síndrome de Li-Fraumeni es un síndrome de predisposición al cáncer con herencia autosómica dominante y alta penetrancia que se caracteriza por la presencia de diferentes tipos de cáncer en la historia familiar. Los más comunes son sarcomas óseos y de partes blandas, cáncer de mama, tumores cerebrales y carcinomas de corteza suprarrenal. Otros tumores relacionados con este síndrome, pero menos frecuentes son las leucemias, cáncer de pulmón, carcinoma colorrectal, tumores cutáneos, carcinomas gástricos y de ovario (95). Los pacientes diagnosticados de síndrome de Li-Fraumeni también tienen mayor sensibilidad al daño producido por radiaciones ionizantes (96).

El gen *TP53* (OMIM: 191170) se localiza en el brazo corto del cromosoma 17 (17p13.1) y es un gen supresor de tumores de alta penetrancia. Variantes patogénicas germinales en este gen justifican casi un 70% de los diagnósticos de este síndrome. Además, tiene varios transcritos, de los cuales el más largo está formado por 10 exones codificantes y da lugar a la proteína p53, también conocida como el *guardián del genoma*, compuesta por 393 aminoácidos cuya función principal es actuar como un factor de transcripción nuclear. Esta proteína está formada por tres dominios principales: un dominio de transactivación en el extremo N-terminal esencial para regular factores de transcripción, un dominio de unión al ADN y un dominio de oligomerización responsable de la tetramerización necesaria para su funcionamiento *in vivo*. Aunque no hay evidencias suficientes como para asociar variantes patogénicas germinales de este gen al CO, esta patología puede presentarse como forma del fenotipo del síndrome de Li-Fraumeni. Además, hay publicaciones que afirman que este gen está mutado a nivel somático en un 96% de los tumores considerados cáncer de ovario serosos de alto grado (COSAG) con una prevalencia muy superior a otros genes estudiados en línea somática como *BRCA1*, *BRCA2*, *CDK12*, *NF1* y *RB1* (32,97).

6.2.3. Síndrome de Peutz-Jeghers

El síndrome de Peutz-Jeghers es una enfermedad autosómica dominante caracterizada por la producción y presencia de pigmentaciones epidérmicas, además de hamartomas gastrointestinales. Los pacientes diagnosticados de este síndrome tienen una mayor probabilidad de desarrollar algunas neoplasias como el cáncer de páncreas, colorrectal, de pulmón, de mama, de ovario, de cérvix y de testículo (98,99).

El gen *STK11* (OMIM: 175200) se localiza en el brazo corto del cromosoma 19 (19p13.3) y es un gen supresor de tumores. Se han evidenciado al menos 51 variantes génicas patogénicas en este gen relacionadas con el síndrome de Peutz-Jeghers, aunque alteraciones somáticas de este gen también se han relacionado con adenocarcinoma pulmonar esporádico (100,101).

STK11 tiene dos transcritos principales, el más largo está formado por 9 exones y codifica la proteína supresora de tumores STK11 o LKB1, una serina/treonina quinasa de 433 aminoácidos que regula la polaridad y el metabolismo celular. También participa en la regulación de la vía apoptótica dependiente de p53. Al igual que ocurre con el gen *TP53*, tampoco hay evidencias suficientes como para asociar variantes patogénicas germinales del gen *STK11* al CO. Sin embargo, esta patología puede presentarse como forma del fenotipo del síndrome de Peutz-Jeghers (102).

7. CARACTERIZACIÓN DE LAS VARIANTES

Después de realizar el análisis genético a nivel germinal o somático, se deben clasificar las variantes genéticas halladas. Esta clasificación se hace en primer lugar desde un punto de vista molecular, según si esta variante afecta a la estructura del gen o a la proteína traducida. Posteriormente se realiza una clasificación desde el punto de vista clínico, según la implicación que dicha variante tenga en el desarrollo de una determinada enfermedad.

7.1. Clasificación de las variantes

La nomenclatura de las distintas variantes localizadas sigue la normativa propuesta por la *Human Genome Variation Society* (HGVS) (103).

A. Clasificación molecular de variantes (**Figura I.10**):

- Inserciones y deleciones: se introducen o se pierden uno o varios nucleótidos de la secuencia. Si el número de nucleótidos agregados o perdidos no es múltiplo de tres, se alteraría el marco de lectura (variante *frameshift*), produciéndose una proteína truncada.
- Cambios de un solo nucleótido (SNP, *single nucleotide polymorphism*): se cambia un nucleótido de la secuencia original por otro distinto. Esto puede tener como consecuencia el cambio no altere la secuencia de aminoácidos (variante sinónima o silenciosa), que se produzca un cambio de aminoácido (variante con cambio de sentido o *missense*), que se introduzca un codón de parada prematuro UAG, UGA o UAA

(variante sin sentido o *nonsense*) o que se altere el proceso de *splicing* del ARN.

- Inversiones: se trata de un cambio estructural en el que un segmento de cromosoma cambia de sentido dentro del mismo.
- Duplicaciones: se trata de un cambio estructural en el que se repite un fragmento de nucleótidos junto al original.

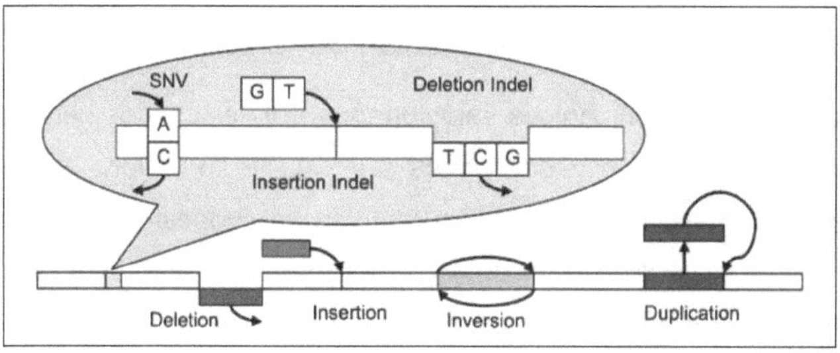

Figura I.10. Resumen de los distintos cambios moleculares que pueden alterar el ADN. Tomado de Smith SD, et al. (104).

B. Clasificación de variantes desde el punto de vista clínico

Para facilitar la interpretación de las variantes halladas en un estudio genético y mejorar el asesoramiento genético, es necesario tener en cuenta las guías publicadas por autores relevantes en este campo para la interpretación de variantes. Las variantes encontradas se clasifican según la susceptibilidad que confieran a la portadora en desarrollar CO siguiendo las guías publicadas por las sociedades científicas. Las cinco categorías para clasificar variantes son (105,106):

- Variantes no patogénicas o variantes benignas (VB): variantes que no modifican el riesgo de aparición de CO.
- Variantes probablemente benignas (VPB).
- Variantes de significado clínico desconocido (VUS, *variant of uncertain significance*): cambios cuya influencia en la susceptibilidad de desarrollar CO no está descrita. Esta categoría incluye las VUS priorizadas, son aquellas que según estudios *in silico* y bibliográficos, entre otros, tienen

una mayor probabilidad de tener un efecto deletéreo en la proteína (107,108)

- Variantes probablemente patogénicas (VPP).
- Variantes patogénicas (VP): variantes causantes de la enfermedad de estudio. Suelen ser cambios sin sentido o que alteran el marco de lectura, grandes deleciones o que producen una inactivación completa por alteración en el *splicing*.

7.2. Herramientas para la clasificación de las variantes

Los avances tecnológicos relacionados con el cáncer hereditario han permitido que se analicen varios genes a la vez. Esto mejora el rendimiento diagnóstico del análisis genético, pero también ha supuesto un incremento en los hallazgos de variantes no descritas o clasificadas previamente. Por lo tanto, la responsabilidad de informar sobre el significado clínico de dichos hallazgos recae sobre los facultativos formados para ello. Para clasificar las variantes obtenidas se deben consultar bases de datos como LOVD (*Leiden Open Variation Database*), *ClinVar* del *National Center for Biotechnology Information* (NCBI), o HGMD (*Human Gene Mutation Database*). Para VUS es posible predecir el posible potencial patogénico de estas variantes con herramientas web como *MutationTaster*, SIFT (*Sorting Intolerant From Tolerant*), *PolyPhen* (*Polymorphism Phenotyping*), o REVEL, entre otras.

Además, es recomendable hacer uso de las guías publicadas por sociedades científicas como el Colegio Americano de Genética Médica y Genómica (ACMG), la Asociación de Patología Molecular (AMP) y la Asociación de Ciencias de Genética Clínica (ACGS). Estas guías establecen criterios de evidencia de patogenicidad, así como otros criterios que apoyan la benignidad de dichas variantes. La combinación de estos criterios permite categorizar las variantes halladas según la clasificación anterior (109,110).

Manejar correctamente los recursos disponibles para realizar la valoración clínica de las variantes es imprescindible para conocer si dichas variantes han sido descritas y clasificadas clínicamente previamente o si, por el contrario, son variantes no descritas con un significado clínico desconocido.

7.2.1. Bases de datos

1. El NCBI forma parte de la Biblioteca Nacional de Medicina de Estados Unidos y se fundó con la misión de almacenar y actualizar de manera constante la información obtenida en el ámbito de la biología molecular. Para ello, recopila distintos tipos de información en diversas bases de datos. Las más relevantes para clasificar variantes genéticas son:

    a. *ClinVar*: archivo público con acceso a información sobre las relaciones entre variantes y fenotipos en humanos con evidencia bibliográfica. https://www.ncbi.nlm.nih.gov/ClinVar/

    b. *dbSNP* (*The Single Nucleotide Polymorphism Database*): base de datos de polimorfismos que ofrece información sobre la frecuencia de las variantes registradas en distintas poblaciones. https://www.ncbi.nlm.nih.gov/snp/

    c. *Gene*: herramienta para caracterizar y organizar la información de los genes. Sirve como nexo de información del mapa genómico, expresión, secuencia, función de la proteína, estructura y datos de homología. https://www.ncbi.nlm.nih.gov/gene/

    d. *Protein*: reúne las secuencias traducidas de las proteínas y los aspectos fundamentales, como su estructura biológica y función. https://www.ncbi.nlm.nih.gov/protein/

    e. *OMIM* (*Online Mendelian Inheritance in Man*): sumario completo de genotipos y fenotipos humanos que se actualiza diariamente. Cataloga todas las enfermedades humanas conocidas con un componente genético y ofrece un resumen clínico junto a un mapa genético, además de los diferentes fenotipos para un mismo síndrome o enfermedad. https://www.ncbi.nlm.nih.gov/omim/

    f. *PubMed*: Es posiblemente la base de datos de bibliografía médica más amplia que existe. Consiste en un motor de búsqueda de libre acceso que permite consultar los contenidos de la base de datos *MEDLINE*, *PubMed Central* y *Bookshelf*. Esta base de datos recoge referencias bibliográficas de artículos publicados en unas 5.500 revistas médicas desde 1966. https://pubmed.ncbi.nlm.nih.gov/

g. *LitVar*: buscador de información clínica relevante a través de la literatura publicada de una variante genética. Las referencias bibliográficas son extraídas del catálogo de artículos de la base de datos *PubMed*. https://www.ncbi.nlm.nih.gov/research/litvar2/

2. *ClinGen* (*Clinical Genome Resource*): recurso fundado por el *National Institutes of Health* (NIH) como base de datos central para la búsqueda de variantes genéticas con relevancia clínica con utilidad en medicina e investigación. https://clinicalgenome.org/

3. *Ensembl*: proyecto bioinformático para organizar la información biológica en torno a las secuencias de grandes genomas. Este proyecto comenzó en 1999 después de la culminación del Proyecto Genoma Humano con el fin de proporcionar y centralizar recursos para investigadores del genoma humano. Desde el año 2000 se ha utilizado para la anotación y visualización de genomas de vertebrados, así como para integrar dichas anotaciones con otros datos biológicos disponibles y publicar toda esta información de manera gratuita. Sirve como navegador genómico para genomas de vertebrados que permite investigar sobre la evolución del genoma, compararlo con otros y estudiar variaciones de secuencias. Ofrece registros de genes, incluye múltiples alineamientos, predice la función reguladora y reúne variantes encontradas relacionadas con una determinada enfermedad. https://www.ensembl.org/index.html

4. *HGMD* (*Human Gene Mutation Database*): el fundamento de esta base de datos es recopilar todos los datos publicados sobre mutaciones germinales en genes asociados con enfermedades hereditarias humanas. http://www.hgmd.cf.ac.uk/ac/index.php

5. *LOVD* (*Leiden Open Variation Database*): base de datos diseñada para recopilar y visualizar variantes en la secuencia de ADN. Su objetivo

principal es encontrar si existe una relación entre dichas variantes y determinadas enfermedades hereditarias y su pronóstico. http://www.lovd.nl/3.0/home

7.2.2. Programas *in silico*

Las herramientas *in silico* pueden ayudar a la correcta interpretación de las variantes, se pueden utilizar algoritmos diferentes para estudiar los efectos de una variante a nivel genómico y a nivel de aminoácido. Se pueden distinguir dos tipos de programas: programas para predecir cambios en la estructura y/o función de la proteína resultante y programas para predecir alteraciones de *splicing*. En el caso de las alteraciones *missense* su impacto depende de los siguientes criterios:

1. Localización dentro de la proteína:
   a. Si la variante se encuentra en un dominio funcional importante para la función de la proteína y todas las variantes *missense* descritas en esta zona son patogénicas, existe una alta probabilidad de que ésta también lo sea.
   b. Existen zonas conocidas como *hot spots* con una mayor frecuencia de variantes patogénicas. Si una variante se encuentra en esta zona la probabilidad de que sea patogénica es elevada.
   c. Si se descubre una variante que se halla en el mismo codón que otra variante patogénica, este criterio apoya la patogenicidad de la variante encontrada.
2. Grado de conservación: las zonas del genoma altamente conservadas a lo largo de la evolución implican una gran importancia estructural o funcional, por lo que las alteraciones halladas en estas zonas tienen una alta posibilidad de ser deletéreas.
3. Alteraciones bioquímicas por cambio de aminoácidos: si se produce un cambio de aminoácido por otro de características similares, la probabilidad de que este cambio afecte a la proteína es mejor que si el aminoácido nuevo tiene unas características fisicoquímicas diferentes al original.

Por otro lado, los programas para predecir alteraciones de *splicing* tienen una sensibilidad de 90-100% con una especificidad del 60-80%, además predicen sitios de empalme probables. El principal inconveniente es la dificultad de su interpretación y la falta de estudios a gran escala con estas herramientas.

Además de los programas *in silico*, existen herramientas de apoyo a las decisiones clínicas como *VarSome* que utilizan diferentes algoritmos y pueden estimar la importancia de la alteración tanto a nivel de nucleótido como a nivel de aminoácido. *VarSome* engloba varios programas *in silico* además de un clasificador automático que evalúa la patogenicidad de las variantes según las guías de la ACMG. También dispone de *REVEL* (*Rare Exome Variant Ensemble Learner*), un método de conjunto que utiliza en su algoritmo estas mismas herramientas individuales para predecir la patogenicidad de variantes raras *missense* (111). Las herramientas *in silico* más relevantes de *VarSome* a la hora de evaluar las variantes genéticas son:

a) Programas para la predicción del impacto de la variante en la proteína:

   i) *MutationTaster*. Esta aplicación lleva a cabo pruebas *in silico* para estimar el impacto de la variante tanto a nivel de ADN como de proteína. Entre ellos se incluyen análisis de conservación, alteraciones de *splicing*, pérdida de las características de la proteína y cambios que afecten a la cantidad de ARNm. Los resultados se evalúan por un algoritmo Naïve Bayes que predice el potencial deletéreo. Dependiendo de la naturaleza de la alteración, elige entre tres modelos de predicción: para variantes sinónimas, para variantes tipo *missense* y para cambios complejos de aminoácidos (112). La versión más reciente, *MutationTaster2*, incluye todos los SNPs e *indels* del proyecto 1000 Genomas y las variantes conocidas como causantes de enfermedad en *ClinVar* y *HGMD Public*. Para reducir el número de falsos positivos en el estudio de posibles variantes que afectan al *splicing*, *MutationTaster2* sólo tiene en cuenta las que se encuentren en los bordes entre intrón y exón. Su principal limitación es el estudio de variantes intragénicas. Su diseño permite la identificación de variantes con un impacto importante en enfermedades monogénicas, mientras que, no pretende predecir consecuencias de variantes comunes con efectos leves (113).

ii) *Sorting Intolerant From Tolerant* (SIFT). Se trata de un algoritmo que predice el impacto potencial de la sustitución de aminoácidos en la función de la proteína. Clasifica este efecto como tolerada o deletérea. Para ello tiene en cuenta la conservación evolutiva de la proteína al compararla con secuencias homólogas, así como la severidad del cambio de aminoácido. Este algoritmo asume que hay determinadas posiciones de una secuencia proteica que tienen importancia en su función y, por tanto, han sido conservadas a lo largo de la evolución. En consecuencia, una sustitución en estas posiciones podría afectar la función de la proteína. De este modo, puede predecir los efectos de todas las sustituciones posibles en cada posición de la secuencia (114).

b) Programas para la predicción del grado de conservación filogenética.

i) GERP (*Genomic Evolutionary Rate Profiling*). Es una puntuación de conservación calculada mediante cuantificación de déficits de sustitución a lo largo de múltiples alineamientos de ortólogos (secuencias similares debido a un mismo origen evolutivo). Utiliza el genoma de 35 mamíferos (115).

ii) *Phylogenetic P-values* y *phastCons*: *PhyloPway* y *phastConsway*. Son programas que proporcionan puntuación de conservación basada en múltiples alineamientos dados por un árbol filogenético que predice la tasa de evolución comparada con lo que se espera de la deriva natural. Utiliza distribuciones del número de sustituciones basadas en el modelo oculto de Markov. *PhyloP20way* se basa en el alineamiento múltiple de secuencias de 19 genomas de mamíferos con el genoma humano, mientras que *PhyloP100way* utiliza 99 secuencias de genomas de vertebrados. A mayor puntuación, más conservado está el residuo (116,117).

iii) *SiPhy* (análisis filogenético específico de situación). Es una herramienta de conservación que emplea secuencias genéticas profundas de 29 mamíferos para detectar bases que han sido seleccionadas evolutivamente. Esto le permite estimar tanto los patrones de sustitución poco probables, así como las desaceleraciones y aceleraciones de las tasas de mutación. Modela la conservación no sólo como una disminución en la tasa de mutación, sino que también tiene en cuenta el patrón de las mutaciones (118).

c) Programas de predicción de cambios de *splicing*.

   i) *dbscSNV* (*database splicing consensus single nucleotide variant*). Incluye todas las variantes (aproximadamente 15 millones) en las regiones de consenso de *splicing*. El modelo se desarrolló a partir de siete herramientas de predicción de *splicing* previamente existentes (119).

d) Algoritmos predictivos de patogenicidad.

   i) REVEL (*Rare Exome Variant Ensemble Learner*). Es un método de conjunto para predecir la patogenicidad de variantes raras *missense* obtenidas por métodos NGS. La puntuación de *REVEL* oscila entre 0 y 1, siendo 1 la mayor probabilidad de ser patogénica. Para calcular el *REVEL score*, *REVEL* utiliza en su algoritmo las siguientes herramientas individuales: *MutPred, FATHMM, VEST, PolyPhen, SHIFT, PROVEAN, MutationAssessor, MutationTaster, LRT, GERP, SiPhy, phyloP* y *phastCons*. Comparado con otros algoritmos basados en redes neuronales profundas, *REVEL* ofrece mejores resultados para variantes *missense*, mientras que es más limitado para estudiar variantes no codificantes (111).

7.3. Estudios de la frecuencia de la variante en población control

Conocer la frecuencia de una variante en la población control es fundamental para conocer su patogenicidad. Una frecuencia alélica en población control elevada apoya la benignidad de una variante. Sin embargo, si la variante estudiada no ha sido descrita y carece de información sobre su frecuencia alélica, este dato no es evaluable para establecer la patogenicidad de la variante.

Esta búsqueda se puede realizar en las bases de datos poblacionales como Proyecto 1000 Genomas, ExAc (Consorcio de Agregación de Exomas) o *GnomAD* (*Genome Aggregation Database*). Esta última es una herramienta desarrollada por una coalición internacional de investigadores con el fin de reunir y sintetizar los datos de secuenciación del genoma y exoma de varios proyectos de secuenciación a gran escala. *GnomAD* es la herramienta utilizada por *VarSome* para realizar el cálculo de frecuencia alélica en distintas bases de datos. Es muy importante encontrar información sobre la frecuencia alélica de la variante encontrada dado que, una falta de información sobre frecuencias alélicas o la ausencia de la variante hallada en las bases de datos se considera un criterio de apoyo de patogenicidad según la guía de la ACMG (109).

8. IMPACTO CLÍNICO DEL DIAGNÓSTICO GENÉTICO

Los resultados del asesoramiento genético obtenidos en el caso índice pueden clasificarse según la relevancia clínica de los hallazgos:

- Test informativo: el estudio genético concluye que se ha detectado una variante patogénica o probablemente patogénica que explica la clínica del paciente. Este hallazgo implica un potencial riesgo familiar de la patología estudiada con implicaciones hereditarias. Este resultado permite establecer las medidas preventivas y terapéuticas necesarias en los CI, además del asesoramiento genético necesario según el contexto familiar.
- Test no informativo: el estudio genético no es concluyente porque no se ha detectado ninguna variante clínicamente relevante que justifique un síndrome de cáncer hereditario. Este informe puede deberse a una de las siguientes situaciones.
    - Ausencia de variantes patogénicas o probablemente patogénicas: en el análisis genético no se detecta ninguna variante clínicamente relevante que pueda explicar la clínica del paciente. Este resultado no puede afirmar, pero tampoco rechazar la

posibilidad de que la enfermedad esté relacionada con causas genéticas.

- Variante de significado clínico desconocido: se ha encontrado una alteración en alguno de los genes de susceptibilidad a la enfermedad, pero no se puede asegurar que esta sea la responsable de la situación clínica del paciente. Sin embargo, no se descarta que en un futuro se tenga mayor conocimiento de la variante. El manejo clínico dependerá de su historia personal y familiar de cáncer.

8.1. Fenotipo asociado a defectos en la RH

El CO asociado a defectos de la RH se caracteriza por manifestar un fenotipo concreto. Aunque la mayoría de los estudios se han realizado en mujeres portadoras de variantes patogénicas en *BRCA1* y *BRCA2*, por ser los genes descritos con mayor anterioridad, la presencia de variantes patogénicas germinales en otros genes implicados en la RH se asocia a unas características fenotípicas similares (56,120).

La presencia de variantes patogénicas en *BRCA1* y *BRCA2* se asocian a un grado histológico alto, un estadio avanzado al diagnóstico (estadio FIGO III y IV) e histología serosa hasta en un 70% de los casos. Sin embargo, las características histológicas del CO asociado a defectos de la RH pueden presentarse en cualquier subtipo histológico excepto los carcinomas serosos de bajo grado (121–123).

La edad del diagnóstico del CO suele realizarse entre la quinta y sexta década de la vida. En mujeres portadoras de variantes patogénicas en *BRCA1* es en torno a 54 años y en mujeres portadoras de variantes patogénicas en *BRCA2* la media de edad al diagnóstico es de 62 años (124). En cuanto a recidiva, los tumores asociados a mutaciones en *BRCA1* y *BRCA2* son más propensos a desarrollar metástasis viscerales, efecto más pronunciado en mujeres portadoras de variantes patogénicas germinales en *BRCA1* (125).

8.2. Tratamiento asociado a alteraciones en la RH

8.2.1. Quimioterapia convencional

El CO con alteraciones en la vía de la RH muestra una mayor sensibilidad a determinados agentes quimioterápicos. La primera línea de tratamiento en el manejo del CO son los derivados del platino como el cis-platino o el carboplatino. El comportamiento de esta patología frente al tratamiento con estos derivados de platino supone una herramienta para conocer el pronóstico de la enfermedad y el manejo de las posibles recaídas, este dato clínico se conoce como intervalo libre de platino (ILP) (116). El ILP se conoce como el tiempo de progresión de la enfermedad desde la última dosis de derivados de platino recibida. Según el ILP se pueden distinguir dos grupos con manejos terapéuticos distintos (127–129):

- ILP mayor o igual a 6 meses: se denominan platino sensibles y el ILP junto al éxito de la cirugía citorreductora se correlaciona con la supervivencia general. También obtienen una mayor tasa de respuesta a sucesivas líneas de tratamiento (25-70%) con una mediana de supervivencia general de 12 y 24 meses.
- ILP menor de 6 meses: se denominan platino resistentes, en estos casos la tasa de respuesta a sucesivas líneas de tratamiento es menor (10-20%) con una mediana de supervivencia general de 9 meses.

Los compuestos derivados del platino inducen la formación de entrecruzamientos cromosómicos (ICL) de ADN, estas alteraciones genéticas resultan letales para células con deficiencias en la vía de la RH. Por este motivo los tumores asociados a variantes patogénicas en *BRCA1/BRCA2* presentan mayor tasa de respuesta a derivados de platino e ILP más prolongados (130,131). La correlación entre el ILP y la alteración de la RH está descrita y estudiada, un ILP > 6 meses sirve como indicador de una posible deficiencia en la vía de la RH. Esta herramienta comenzó a ser útil en los ensayos clínicos de inhibidores de la poli (ADP-ribosa) polimerasa (PARP) y actualmente es posible su prescripción como monoterapia de mantenimiento de CO de alto grado con o sin VP/VPP en *BRCA1/BRCA2* en casos de respuesta completa o parcial a quimioterapia basada en derivados de platino (132,133).

8.2.2. Tratamiento con inhibidores de la Poli (ADP-ribosa) polimerasa (PARPi)

Los fármacos inhibidores de la PARP o PARPi actúan mediante un mecanismo de letalidad sintética en tumores con alteraciones en la vía de la RH. El fenómeno de letalidad sintética se basa en que la pérdida de función de dos o más genes o vías moleculares intracelulares en las células tumorales desencadena la muerte celular programada (apoptosis), mientras que la deficiencia de una sola vía o gen permite la supervivencia de esta (134).

De las 17 enzimas PARP distintas descritas en mamíferos, juegan un papel en la reparación del ADN las denominadas PARP-1, PARP-2 y PARP-3. Se desconoce el mecanismo exacto por el cual su inactividad conduce a la apoptosis en células tumorales con deficiencias en la vía de la RH, pero se han descrito cuatro posibles mecanismos para explicar el fenómeno de la letalidad sintética en estos casos (**Figura I.11**) (135,136):

- Inhibición del mecanismo de reparación por escisión de bases. La inhibición de PARP-1, esencial en el mecanismo BER, conduce a la persistencia de las roturas simples de ADN y la formación de roturas de doble cadena que no se repara debido a la alteración de la RH desencadenando la apoptosis celular.
- Atrapamiento de PARP-1 en el ADN dañado. Cuando PARP-1 es inactivada, la enzima permanece unida al ADN impidiendo que se active el mecanismo de reparación. Este fenómeno es el responsable de la sinergia que existe entre PARPi y agentes que dañan el ADN como temozolomida y topotecan. La citotoxicidad de los PARPi en células con alteraciones de la RH podría estar mediada por este mecanismo (127,128).
- Alteración del reclutamiento de BRCA1. El reclutamiento de BRCA1 al daño del ADN se realiza mediante la proteína BARD1. La formación de este complejo necesita ADP-ribosilación llevada a cabo por PARP-1. La alteración de este mecanismo es crítica para el inicio de la reparación del ADN, especialmente las vías alternativas de reclutamiento de BRCA1 están alteradas,

fenómeno que ocurre en tumores con ciertas mutaciones en *BRCA1* (137).

- Activación del proceso de reparación NHEJ. Las enzimas PARP inhiben la acción de diferentes proteínas que intervienen en el proceso de reparación de roturas de doble cadena mediante NHEJ. La inhibición de PARP en células con alteración de la vía de la RH activaría este mecanismo de reparación que da lugar a inestabilidad genómica y en consecuencia muerte celular (138).

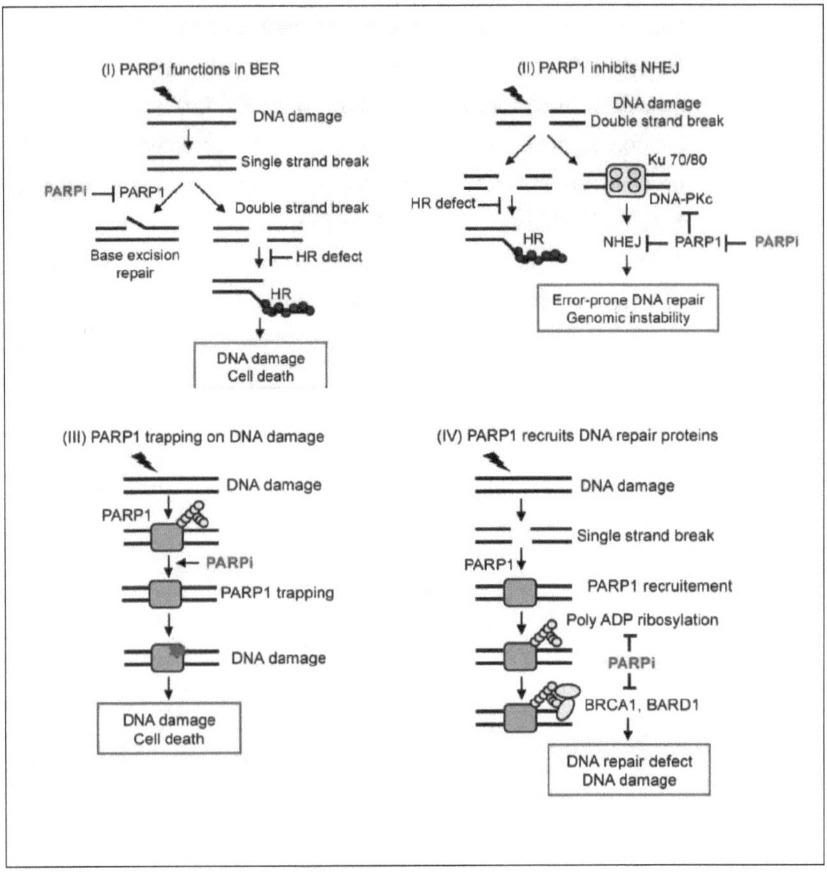

Figura I.11. Mecanismos de letalidad sintética entre inhibidores de PARP-1 y alteración en la RH. La inhibición de la actividad de PARP-1 en los procesos de BER (I) y NHEJ (II) es citotóxica en presencia de déficit en la RH. III) Los inhibidores de PARP inducen el atrapamiento de PARP-1 en las lesiones de ADN, lo que resulta tóxico en las células con alteración en la vía de la RH. IV) El reclutamiento del complejo BRCA1-BARD1 es interrumpido por los inhibidores de PARP, lo que perpetúa lesiones en el ADN que resultan tóxicas en presencia de alteración de la RH. Tomado de Konstantinopoulos PA, et al. (139).

8.2.3. PARPi autorizados para uso terapéutico

Los PARPi aprobados por la Agencia Española de Medicamentos y Productos Sanitarios (AEMPS) para el tratamiento del CO son el olaparib, el rucaparib y el niraparib, el veliparib es otro PARPi pero de momento no está autorizado para su uso terapéutico por la Agencia Europea del Medicamento (EMA). Las indicaciones terapéuticas aprobadas por la AEMPS son:

- Olaparib (Lynparza®) (140,141)
  - Como monoterapia:
    - Tratamiento de mantenimiento de pacientes adultas con cáncer de ovario epitelial de alto grado avanzado (estadios FIGO III y IV) con mutación *BRCA1/2* (germinal o somática), de trompa de Falopio o peritoneal primario, que están en respuesta (completa o parcial) tras haber completado una primera línea de quimioterapia basada en platino.
    - Tratamiento de mantenimiento de pacientes adultas con cáncer de ovario epitelial de alto grado, trompa de Falopio, o peritoneal primario, en recaída, sensible a platino, que están en respuesta (completa o parcial) a quimioterapia basada en platino.
  - Olaparib combinado con bevacizumab:
    - Tratamiento de mantenimiento de pacientes adultas con cáncer de ovario epitelial de alto grado avanzado (estadios FIGO III y IV), de trompa de Falopio o peritoneal primario, que están en respuesta (completa o parcial) tras haber completado una primera línea de quimioterapia basada en platino en combinación con bevacizumab y cuyo cáncer está asociado con resultado positivo para deficiencia en la RH (RHD) definido por una mutación *BRCA1/2* y/o inestabilidad genómica o GIS positivo del inglés *Genomic Instability Score*.
- Rucaparib (Rubraca®) (142,143)
  - Como monoterapia:
    - Tratamiento de mantenimiento de pacientes adultas con cáncer de ovario epitelial, de trompa de Falopio o peritoneal primario, de alto grado, en recidiva, sensible al

platino, que responde completa o parcialmente a la quimioterapia con platino.

- Niraparib (Zejula®) (144,145)
  - Como monoterapia:
    - Tratamiento de mantenimiento de pacientes adultas con cáncer de ovario epitelial avanzado (estadios FIGO III y IV) de alto grado, trompas de Falopio o peritoneal primario que están en respuesta (completa o parcial) tras completar una primera línea de quimioterapia basada en platino.
    - Tratamiento de mantenimiento de pacientes adultas con cáncer de ovario epitelial seroso de alto grado, trompas de Falopio o peritoneal primario, en recaída, sensible a platino, que están en respuesta (completa o parcial) a la quimioterapia basada en platino.

Todas las indicaciones autorizadas para el uso de PARPi son de mantenimiento, este tipo de terapia tiene como objetivo prolongar la respuesta óptima de la enfermedad durante el mayor tiempo posible, a diferencia del tratamiento con platinos con fines curativos. Además, el mantenimiento con PARPi tiene como fin favorecer el control de los síntomas relacionados con la enfermedad, retrasar la necesidad de aplicar nuevas líneas de tratamiento, mantener o mejorar la calidad de vida y, como última finalidad, prolongar la expectativa de vida. Aunque son varias las indicaciones para el uso de PARPi autorizadas por la AEMPS, no todas están financiadas por el Sistema Nacional de Salud (SNS). En la siguiente tabla (**Tabla I.5**) se resumen las indicaciones de los diferentes PARPi financiadas por el SNS.

PARPi	Tipo de terapia	Año	Requisitos
Lynparza® (olaparib)	Mantenimiento	2021	- COAG avanzado/CTF/CP1 - *BRCA1/2+* (germinal/somática) - Platino sensible en respuesta completa o parcial (tras 1º línea de tratamiento) - COAG avanzado/CTF/CP1 - En recidiva - Platino sensible en respuesta completa o parcial
Lynparza® (olaparib) + Bevacizumab	Mantenimiento	2022	- COAG avanzado/CTF/CP1 - *BRCA1/2+* / RHD+ - Sensible a un tratamiento con platino + Bevacizumab
Rubraca® (rucaparib)	Mantenimiento	2020	- COAG avanzado/CTF/CP1 - En recidiva - Platino sensible en respuesta completa o parcial
Zejula® (niraparib)	Mantenimiento	2022	- COAG avanzado/CTF/CP1 - Platino sensible en respuesta completa o parcial (tras 1º línea de tratamiento) - COAG avanzado/CTF/CP1 - En recidiva - Platino sensible en respuesta completa o parcial

Tabla I.5. Resumen de las indicaciones y requisitos de los PARPi autorizados por la EMA y AEMPS para su uso financiado por el SNS (146–149). PARPi: inhibidor de la Poli-ADP ribosa polimerasa, COAG: cáncer de ovario de alto grado, CTF: cáncer de trompa de Falopio, CP1: cáncer peritoneal primario, BRCA1/2+: variante patogénica en los genes *BRCA1/2.*

8.2.3.1. Ensayos clínicos para olaparib

Las indicaciones aprobadas para el uso terapéutico de olaparib se autorizan según los estudios de eficacia y seguridad demostrada en los ensayos clínicos:

- SOLO1: ensayo clínico (EC) para la evaluación del tratamiento de mantenimiento en primera línea para el cáncer de ovario avanzado con mutación *BRCA1/2* (BRCA+). Este estudio demostró relevancia clínica y una mejora estadísticamente significativa en la supervivencia libre de progresión para el olaparib en comparación con placebo (150).
- SOLO2: EC para la evaluación de la terapia de mantenimiento para cáncer de ovario, trompa de Falopio o peritoneal primario en recaída platino-sensible con mutación en *BRCA1/2*. Este estudio demostró una mejora estadísticamente significativa en la supervivencia libre de progresión para olaparib en comparación con placebo (151).
- Estudio 19 (D0810C00019): EC para la evaluación de la terapia de mantenimiento del cáncer de ovario, trompa de Falopio o peritoneal primario platino sensible, tras terapia con dos o más pautas de quimioterapia basada en platino. Este estudio demostró una mejoría estadísticamente significativa de la supervivencia libre de progresión para olaparib en comparación con placebo en la población global. El análisis de subgrupos identificó pacientes con cáncer de ovario BRCA+ como el subgrupo que obtuvo el mayor beneficio clínico de la monoterapia de mantenimiento con olaparib. También se observó beneficio en pacientes sin mutación en *BRCA1/2* (BRCAwt) o con hallazgos de VUS, aunque de menor magnitud (152).
- OPINION: EC para la evaluación del tratamiento de mantenimiento en pacientes con cáncer de ovario, trompa de Falopio o peritoneal primario platino sensible sin mutación conocida en *BRCA1/2*. Se incluyeron pacientes cuya enfermedad estaba en respuesta completa o parcial tras la finalización de la quimioterapia basada en platino. Cuando olaparib se utilizó como terapia de mantenimiento demostró actividad clínica en

pacientes con cáncer de ovario platino sensible que no presentaban mutaciones en *BRCA1/2* (153).

- PAOLA-1: EC para la evaluación del tratamiento de mantenimiento de primera línea del cáncer de ovario avanzado (estadios FIGO III y IV), de trompa de Falopio o peritoneal primario con RHD positivo combinado con bevacizumab tras quimioterapia de primera línea basada en platino y bevacizumab. Se definieron subgrupos en base a biomarcadores como mutaciones en *BRCA1/2*, resultado de GIS y RHD. En la población total de pacientes reclutadas, el 30% de las pacientes en ambos grupos eran positivas para variantes patogénicas en *BRCA1/2*. Entre las pacientes BRCAwt, el 29% (19% de la población total) presentó RHD o GIS positivo. PAOLA-1 demostró una mejora estadísticamente significativa en la supervivencia libre de progresión para el grupo tratado con olaparib/bevacizumab en comparación con el placebo/bevacizumab. Sin embargo, las pacientes definidas como positivas en biomarcadores (*BRCA1/2* o RHD/GIS) obtuvieron la mayor parte del beneficio (154).

8.2.3.2. Ensayos clínicos para rucaparib

La indicación terapéutica aprobada para el uso de rucaparib se autoriza según los estudios de eficacia y seguridad demostrada en el siguiente EC:

- ARIEL3: EC para la evaluación del tratamiento de mantenimiento del cáncer ovárico, de trompa de Falopio o peritoneal primario recidivante. Las muestras de tejidos tumorales de todas las pacientes (n=564) se analizaron para determinar la condición positiva de RHD (definida por la presencia de una VP en *BRCA1/2* o una pérdida de heterocigosidad). Un 23% (130/564) de las pacientes presentaban una mutación germinal de *BRCA1/2*, y casi un 10% (56/564) presentaban una mutación somática de *BRCA1/2*. ARIEL3 demostró una mejora estadísticamente significativa de la supervivencia libre de progresión en las pacientes aleatorizadas para recibir tratamiento con rucaparib en comparación con la población placebo (155).

8.2.3.3. Ensayos clínicos para niraparib

Las indicaciones terapéuticas aprobadas para el uso de niraparib se autorizan según los estudios de eficacia y seguridad demostrada en los siguientes ensayos clínicos (EC):

- PRIMA: EC para la evaluación del tratamiento de mantenimiento de primera línea para el cáncer de ovario en respuesta completa o parcial a una primera línea de quimioterapia basada en platino. PRIMA demostró una mejora estadísticamente significativa en la supervivencia libre de progresión de las pacientes aleatorizadas a niraparib en comparación con placebo en la población RHD+ y en la población general (156).
- NOVA: EC para la evaluación del tratamiento de mantenimiento del cáncer de ovario seroso de alto grado, de trompas de Falopio o peritoneal primario en recaída después de la respuesta completa o parcial del tratamiento basado en platino. Se analizaron mutaciones en *BRCA* en línea germinal y en tejido tumoral además de RHD en el momento del diagnóstico inicial o de la recidiva. La supervivencia libre de progresión se midió desde el momento de la aleatorización hasta la progresión de la enfermedad o la muerte. El estudio demostró una mejoría estadísticamente significativa de la supervivencia libre de progresión con niraparib como tratamiento de mantenimiento comparado con el placebo. Estos resultados se obtuvieron tanto en la población BRCA+, así como en la cohorte con *BRCA* no mutado (BRCAwt) (157).

El resumen de los estudios de eficacia y seguridad en distintas poblaciones para aprobar el uso terapéutico de los PARPi autorizados por la AEMPS se muestra en la siguiente tabla (**Tabla I.6**).

	BRCA1/2+	RHD+	BRCA-/RHD-
OLAPARIB	SOLO1 SOLO2* ESTUDIO 19*	-	ESTUDIO 19* OPINION*
RUCAPARIB	ARIEL3	ARIEL3	ARIEL3
NIRAPARIB	NOVA	PRIMA	PRIMA NOVA
OLAPARIB + BEVACIZUMAB	PAOLA-1	PAOLA-1	-

Tabla I.6. Estudios de eficacia y seguridad de los PARPi autorizados por la AEMPS. Se señalan con * los estudios realizados solo en línea germinal (150–157). BRCA1/2+: mutación en los genes *BRCA1/2*, RHD+: mutación en otros genes de la recombinación homóloga, BRCA-/RHD-: sin mutación conocida en los genes de la recombinación homóloga.

8.3. Estrategias de prevención

Existen tres tipos de estrategias terapéuticas para prevenir el riesgo hereditario de desarrollar cáncer de ovario: quimioprevención, *screening* y cirugía profiláctica.

8.3.1. Quimioprevención

Como hemos visto anteriormente, los ACHO han demostrado reducir el riesgo de cáncer de ovario entre un 40-60% en la población general. Este beneficio se mantiene en mujeres con riesgo incrementado de CO asociado a variantes patogénicas *BRCA1/BRCA2* (11). Sin embargo, se desconoce si los ACHO confieren efecto protector a largo plazo debido a que la mayoría de las portadoras se someterán a una cirugía profiláctica alrededor de los 40 años y el desarrollo de CO antes de esta edad es poco probable (158).

8.3.2. Screening

El *screening* del CO se realiza con la monitorización del marcador tumoral CA-125 considerando niveles séricos elevados por encima de 35 U/ml y la ecografía transvaginal. Sin embargo, no existen datos que sugieran que este screening conlleve una reducción de la mortalidad en mujeres con riesgo poblacional (159). El problema del *screening* en población general es la baja incidencia del CO, ya que la sensibilidad y especificidad del método empleado deben ser muy elevadas para proporcionar un valor predictivo fiable. Para mejorar estos valores se ha desarrollado ROCA (*Risk Of Ovarian Cancer Algorithm*) un algoritmo de riesgo de cáncer de ovario que tiene en cuenta la velocidad de incremento de los niveles de CA-125 en lugar del valor de corte. La interpretación de los valores de CA-125 con ROCA junto a la ecografía transvaginal ha demostrado aumentar la especificidad, pero sin una reducción significativa de la mortalidad en la población general (160).

En la actualidad, la mayoría de las guías clínicas recomiendan el *screening* mediante monitorización de CA-125 cada 6-12 meses y ecografía transvaginal en mujeres con riesgo hereditario de CO a partir de los 30-35 años, mientras no se lleve a cabo la cirugía reductora de riesgo (161,162).

8.3.3. Cirugía profiláctica

La salpingo-ooforectomía bilateral profiláctica (SOBP) es la medida más efectiva para reducir el riesgo de cáncer de ovario. En mujeres portadoras de variantes patogénicas en *BRCA1/BRCA2* se asocia a una disminución de riesgo de CO del 80%, de CM del 50% y una reducción de la mortalidad global del 77% (163–165). Las guías NCCN recomiendan la SOBP en mujeres portadoras de variantes patogénicas en *BRCA1*, *BRCA2*, *BRIP1*, *MSH2*, *MLH1*, *MSH6*, *PMS2*, *EPCAM*, *RAD51C* y *RAD51D*. Para consensuar el manejo de estas pacientes, la NCCN en sus guías clínicas establece recomendaciones diferentes para cada gen en función de la evidencia actual (161).

BIBLIOGRAFÍA

1. Sung H, Ferlay J, Siegel RL, Laversanne M, Soerjomataram I, Jemal A, et al. Global Cancer Statistics 2020: GLOBOCAN Estimates of Incidence and Mortality Worldwide for 36 Cancers in 185 Countries. CA Cancer J Clin. mayo de 2021;71(3):209-49.
2. Las_cifras_del_Cancer_en_Espana_2023.pdf [Internet]. [citado 10 de septiembre de 2023]. Disponible en: https://seom.org/images/Las_cifras_del_Cancer_en_Espana_2023.pdf
3. bem.2021.41.847.pdf [Internet]. [citado 14 de febrero de 2023]. Disponible en: https://sms.carm.es/ricsmur/bitstream/handle/123456789/5861/bem.2021.41.847.pdf?sequence=1&isAllowed=y
4. bem.2014.34.775.pdf [Internet]. [citado 14 de febrero de 2023]. Disponible en: https://sms.carm.es/ricsmur/bitstream/handle/123456789/1601/bem.2014.34.775.pdf?sequence=1&isAllowed=y
5. Reid BM, Permuth JB, Sellers TA. Epidemiology of ovarian cancer: a review. Cancer Biol Med. febrero de 2017;14(1):9-32.
6. Redondo A, Guerra E, Manso L, Martin-Lorente C, Martinez-Garcia J, Perez-Fidalgo JA, et al. SEOM clinical guideline in ovarian cancer (2020). Clin Transl Oncol Off Publ Fed Span Oncol Soc Natl Cancer Inst Mex. mayo de 2021;23(5):961-8.
7. Walker JL, Powell CB, Chen LM, Carter J, Bae Jump VL, Parker LP, et al. Society of Gynecologic Oncology recommendations for the prevention of ovarian cancer. Cancer. 1 de julio de 2015;121(13):2108-20.
8. Meinhold-Heerlein I, Hauptmann S. The heterogeneity of ovarian cancer. Arch Gynecol Obstet. febrero de 2014;289(2):237-9.
9. Rostgaard K, Wohlfahrt J, Andersen PK, Hjalgrim H, Frisch M, Westergaard T, et al. Does pregnancy induce the shedding of premalignant ovarian cells? Epidemiol Camb Mass. marzo de 2003;14(2):168-73.
10. Whiteman DC, Siskind V, Purdie DM, Green AC. Timing of pregnancy and the risk of epithelial ovarian cancer. Cancer Epidemiol Biomark Prev Publ Am Assoc Cancer Res Cosponsored Am Soc Prev Oncol. enero de 2003;12(1):42-6.
11. Collaborative Group on Epidemiological Studies of Ovarian Cancer, Beral V, Doll R, Hermon C, Peto R, Reeves G. Ovarian cancer and oral contraceptives: collaborative reanalysis of data from 45 epidemiological studies including 23,257 women with ovarian cancer and 87,303 controls. Lancet Lond Engl. 26 de enero de 2008;371(9609):303-14.
12. Li DP, Du C, Zhang ZM, Li GX, Yu ZF, Wang X, et al. Breastfeeding and ovarian cancer risk: a systematic review and meta-analysis of 40 epidemiological studies. Asian Pac J Cancer Prev APJCP. 2014;15(12):4829-37.
13. Kurta ML, Moysich KB, Weissfeld JL, Youk AO, Bunker CH, Edwards RP, et al. Use of fertility drugs and risk of ovarian cancer: results from a U.S.-based case-control study. Cancer Epidemiol Biomark Prev Publ Am Assoc Cancer Res Cosponsored Am Soc Prev Oncol. agosto de 2012;21(8):1282-92.
14. Cibula D, Widschwendter M, Májek O, Dusek L. Tubal ligation and the risk of ovarian cancer: review and meta-analysis. Hum Reprod Update. 2011;17(1):55-67.
15. Cibula D, Widschwendter M, Zikan M, Dusek L. Underlying mechanisms of ovarian cancer risk reduction after tubal ligation. Acta Obstet Gynecol Scand. junio de 2011;90(6):559-63.
16. Rodriguez GC, Walmer DK, Cline M, Krigman H, Lessey BA, Whitaker RS, et al. Effect of progestin on the ovarian epithelium of macaques: cancer prevention through apoptosis? J Soc Gynecol Investig. 1998;5(5):271-6.
17. Choi JH, Wong AST, Huang HF, Leung PCK. Gonadotropins and ovarian cancer. Endocr Rev. junio de 2007;28(4):440-61.
18. Collaborative Group On Epidemiological Studies Of Ovarian Cancer, Beral V, Gaitskell K, Hermon C, Moser K, Reeves G, et al. Menopausal hormone use and

ovarian cancer risk: individual participant meta-analysis of 52 epidemiological studies. Lancet Lond Engl. 9 de mayo de 2015;385(9980):1835-42.
19. McSorley MA, Alberg AJ, Allen DS, Allen NE, Brinton LA, Dorgan JF, et al. C-reactive protein concentrations and subsequent ovarian cancer risk. Obstet Gynecol. abril de 2007;109(4):933-41.
20. Clendenen TV, Lundin E, Zeleniuch-Jacquotte A, Koenig KL, Berrino F, Lukanova A, et al. Circulating inflammation markers and risk of epithelial ovarian cancer. Cancer Epidemiol Biomark Prev Publ Am Assoc Cancer Res Cosponsored Am Soc Prev Oncol. mayo de 2011;20(5):799-810.
21. Lin HW, Tu YY, Lin SY, Su WJ, Lin WL, Lin WZ, et al. Risk of ovarian cancer in women with pelvic inflammatory disease: a population-based study. Lancet Oncol. septiembre de 2011;12(9):900-4.
22. Al-Sabbagh M, Lam EWF, Brosens JJ. Mechanisms of endometrial progesterone resistance. Mol Cell Endocrinol. 25 de julio de 2012;358(2):208-15.
23. Kondi-Pafiti A, Papakonstantinou E, Iavazzo C, Grigoriadis C, Salakos N, Gregoriou O. Clinicopathological characteristics of ovarian carcinomas associated with endometriosis. Arch Gynecol Obstet. febrero de 2012;285(2):479-83.
24. Jarboe EA, Folkins AK, Drapkin R, Ince TA, Agoston ES, Crum CP. Tubal and ovarian pathways to pelvic epithelial cancer: a pathological perspective. Histopathology. 2008;53(2):127-38.
25. Rosen ED, Spiegelman BM. Adipocytes as regulators of energy balance and glucose homeostasis. Nature. 14 de diciembre de 2006;444(7121):847-53.
26. Olsen CM, Nagle CM, Whiteman DC, Ness R, Pearce CL, Pike MC, et al. Obesity and risk of ovarian cancer subtypes: evidence from the Ovarian Cancer Association Consortium. Endocr Relat Cancer. abril de 2013;20(2):251-62.
27. Tworoger SS, Huang T. Obesity and Ovarian Cancer. Recent Results Cancer Res Fortschritte Krebsforsch Progres Dans Rech Sur Cancer. 2016;208:155-76.
28. Stratton JF, Pharoah P, Smith SK, Easton D, Ponder BA. A systematic review and meta-analysis of family history and risk of ovarian cancer. Br J Obstet Gynaecol. mayo de 1998;105(5):493-9.
29. Pennington KP, Swisher EM. Hereditary ovarian cancer: beyond the usual suspects. Gynecol Oncol. febrero de 2012;124(2):347-53.
30. Bast RC, Hennessy B, Mills GB. The biology of ovarian cancer: new opportunities for translation. Nat Rev Cancer. junio de 2009;9(6):415-28.
31. Kurman RJ, Shih IM. The origin and pathogenesis of epithelial ovarian cancer: a proposed unifying theory. Am J Surg Pathol. marzo de 2010;34(3):433-43.
32. Bell D, Berchuck A, Birrer M, Chien J, Cramer DW, Dao F, et al. Integrated genomic analyses of ovarian carcinoma. Nature. junio de 2011;474(7353):609-15.
33. Vang R, Shih IM, Kurman RJ. Fallopian tube precursors of ovarian low- and high-grade serous neoplasms. Histopathology. enero de 2013;62(1):44-58.
34. Heintz APM, Odicino F, Maisonneuve P, Quinn MA, Benedet JL, Creasman WT, et al. Carcinoma of the ovary. FIGO 26th Annual Report on the Results of Treatment in Gynecological Cancer. Int J Gynaecol Obstet Off Organ Int Fed Gynaecol Obstet. noviembre de 2006;95 Suppl 1:S161-192.
35. Elattar A, Bryant A, Winter-Roach BA, Hatem M, Naik R. Optimal primary surgical treatment for advanced epithelial ovarian cancer. Cochrane Database Syst Rev. 10 de agosto de 2011;2011(8):CD007565.
36. Zanussi S, Serraino D, Dolcetti R, Berretta M, De Paoli P. Cancer, aging and immune reconstitution. Anticancer Agents Med Chem. noviembre de 2013;13(9):1310-24.
37. Lengyel E. Ovarian cancer development and metastasis. Am J Pathol. septiembre de 2010;177(3):1053-64.
38. Sato E, Olson SH, Ahn J, Bundy B, Nishikawa H, Qian F, et al. Intraepithelial CD8+ tumor-infiltrating lymphocytes and a high CD8+/regulatory T cell ratio are

associated with favorable prognosis in ovarian cancer. Proc Natl Acad Sci U S A. 20 de diciembre de 2005;102(51):18538-43.
39. Lee M, Chang MY, Yoo H, Lee KE, Chay DB, Cho H, et al. Clinical Significance of CA125 Level after the First Cycle of Chemotherapy on Survival of Patients with Advanced Ovarian Cancer. Yonsei Med J. mayo de 2016;57(3):580-7.
40. Zhong Q, Peng HL, Zhao X, Zhang L, Hwang WT. Effects of BRCA1- and BRCA2-related mutations on ovarian and breast cancer survival: a meta-analysis. Clin Cancer Res Off J Am Assoc Cancer Res. 1 de enero de 2015;21(1):211-20.
41. Hartmann LC, Lindor NM. The Role of Risk-Reducing Surgery in Hereditary Breast and Ovarian Cancer. N Engl J Med. 4 de febrero de 2016;374(5):454-68.
42. Andrews L, Mutch DG. Hereditary Ovarian Cancer and Risk Reduction. Best Pract Res Clin Obstet Gynaecol. mayo de 2017;41:31-48.
43. Norquist BM, Harrell MI, Brady MF, Walsh T, Lee MK, Gulsuner S, et al. Inherited Mutations in Women With Ovarian Carcinoma. JAMA Oncol. abril de 2016;2(4):482-90.
44. Alsop K, Fereday S, Meldrum C, deFazio A, Emmanuel C, George J, et al. BRCA Mutation Frequency and Patterns of Treatment Response in BRCA Mutation–Positive Women With Ovarian Cancer: A Report From the Australian Ovarian Cancer Study Group. J Clin Oncol. 20 de julio de 2012;30(21):2654-63.
45. Toss A, Tomasello C, Razzaboni E, Contu G, Grandi G, Cagnacci A, et al. Hereditary ovarian cancer: not only BRCA 1 and 2 genes. BioMed Res Int. 2015;2015:341723.
46. Dietlein F, Thelen L, Reinhardt HC. Cancer-specific defects in DNA repair pathways as targets for personalized therapeutic approaches. Trends Genet TIG. agosto de 2014;30(8):326-39.
47. Ko HL, Ren EC. Functional Aspects of PARP1 in DNA Repair and Transcription. Biomolecules. 12 de noviembre de 2012;2(4):524-48.
48. Chang HHY, Pannunzio NR, Adachi N, Lieber MR. Non-homologous DNA end joining and alternative pathways to double-strand break repair. Nat Rev Mol Cell Biol. agosto de 2017;18(8):495-506.
49. Walsh CS. Two decades beyond BRCA1/2: Homologous recombination, hereditary cancer risk and a target for ovarian cancer therapy. Gynecol Oncol. mayo de 2015;137(2):343-50.
50. Blanco A, de la Hoya M, Osorio A, Diez O, Miramar MD, Infante M, et al. Analysis of PALB2 gene in BRCA1/BRCA2 negative Spanish hereditary breast/ovarian cancer families with pancreatic cancer cases. PloS One. 2013;8(7):e67538.
51. Desmond A, Kurian AW, Gabree M, Mills MA, Anderson MJ, Kobayashi Y, et al. Clinical Actionability of Multigene Panel Testing for Hereditary Breast and Ovarian Cancer Risk Assessment. JAMA Oncol. octubre de 2015;1(7):943-51.
52. Llort G, Chirivella I, Morales R, Serrano R, Sanchez AB, Teulé A, et al. SEOM clinical guidelines in Hereditary Breast and ovarian cancer. Clin Transl Oncol Off Publ Fed Span Oncol Soc Natl Cancer Inst Mex. diciembre de 2015;17(12):956-61.
53. BRCA1 - Breast cancer type 1 susceptibility protein - Homo sapiens (Human) | UniProtKB | UniProt [Internet]. [citado 14 de febrero de 2023]. Disponible en: https://www.uniprot.org/uniprotkb/P38398/entry
54. Wang B. BRCA1 tumor suppressor network: focusing on its tail. Cell Biosci. 27 de febrero de 2012;2(1):6.
55. Mylavarapu S, Das A, Roy M. Role of BRCA Mutations in the Modulation of Response to Platinum Therapy. Front Oncol [Internet]. 2018 [citado 14 de febrero de 2023];8. Disponible en: https://www.frontiersin.org/articles/10.3389/fonc.2018.00016
56. Gabaldó Barrios X, Sarabia Meseguer MD, Marín Vera M, Sánchez Bermúdez AI, Macías Cerrolaza JA, Sánchez Henarejos P, et al. Molecular characterization and clinical interpretation of BRCA1/BRCA2 variants in families from Murcia (south-eastern Spain) with hereditary breast and ovarian cancer: clinical-pathological features in BRCA carriers and non-carriers. Fam Cancer. octubre de 2017;16(4):477-89.

57. Narod SA, Foulkes WD. BRCA1 and BRCA2: 1994 and beyond. Nat Rev Cancer. septiembre de 2004;4(9):665-76.
58. Couch FJ, Nathanson KL, Offit K. Two decades after BRCA: setting paradigms in personalized cancer care and prevention. Science. 28 de marzo de 2014;343(6178):1466-70.
59. Ewald IP, Ribeiro PLI, Palmero EI, Cossio SL, Giugliani R, Ashton-Prolla P. Genomic rearrangements in BRCA1 and BRCA2: A literature review. Genet Mol Biol. julio de 2009;32(3):437-46.
60. de la Hoya M, Gutiérrez-Enríquez S, Velasco E, Osorio A, Sanchez de Abajo A, Vega A, et al. Genomic rearrangements at the BRCA1 locus in Spanish families with breast/ovarian cancer. Clin Chem. agosto de 2006;52(8):1480-5.
61. Federici G, Soddu S. Variants of uncertain significance in the era of high-throughput genome sequencing: a lesson from breast and ovary cancers. J Exp Clin Cancer Res. 4 de marzo de 2020;39(1):46.
62. Rebbeck TR, Mitra N, Wan F, Sinilnikova OM, Healey S, McGuffog L, et al. Association of type and location of BRCA1 and BRCA2 mutations with risk of breast and ovarian cancer. JAMA. 7 de abril de 2015;313(13):1347-61.
63. Hollis RL, Churchman M, Gourley C. Distinct implications of different BRCA mutations: efficacy of cytotoxic chemotherapy, PARP inhibition and clinical outcome in ovarian cancer. OncoTargets Ther. 2017;10:2539-51.
64. Mavaddat N, Peock S, Frost D, Ellis S, Platte R, Fineberg E, et al. Cancer risks for BRCA1 and BRCA2 mutation carriers: results from prospective analysis of EMBRACE. J Natl Cancer Inst. 5 de junio de 2013;105(11):812-22.
65. Chen S, Parmigiani G. Meta-Analysis of BRCA1 and BRCA2 Penetrance. J Clin Oncol Off J Am Soc Clin Oncol. 10 de abril de 2007;25(11):1329-33.
66. Metcalfe KA, Lynch HT, Ghadirian P, Tung N, Olivotto IA, Foulkes WD, et al. The risk of ovarian cancer after breast cancer in BRCA1 and BRCA2 carriers. Gynecol Oncol. enero de 2005;96(1):222-6.
67. Friebel TM, Domchek SM, Rebbeck TR. Modifiers of cancer risk in BRCA1 and BRCA2 mutation carriers: systematic review and meta-analysis. J Natl Cancer Inst. junio de 2014;106(6):dju091.
68. Boder E, Sedgwick RP. Ataxia-telangiectasia; a familial syndrome of progressive cerebellar ataxia, oculocutaneous telangiectasia and frequent pulmonary infection. Pediatrics. abril de 1958;21(4):526-54.
69. McKinnon PJ. ATM and ataxia telangiectasia. EMBO Rep. agosto de 2004;5(8):772-6.
70. Macquere P, Orazio S, Bonnet F, Jones N, Bubien V, Chiron J, et al. J Hum Genet. junio de 2022;67(6):339-45.
71. Lilyquist J, LaDuca H, Polley E, Davis BT, Shimelis H, Hu C, et al. Frequency of mutations in a large series of clinically ascertained ovarian cancer cases tested on multi-gene panels compared to reference controls. Gynecol Oncol. noviembre de 2017;147(2):375-80.
72. Kurian AW, Hughes E, Handorf EA, Gutin A, Allen B, Hartman AR, et al. Breast and Ovarian Cancer Penetrance Estimates Derived From Germline Multiple-Gene Sequencing Results in Women. JCO Precis Oncol. noviembre de 2017;1:1-12.
73. Athanasakis E, Melloni E, Rigolin GM, Agnoletto C, Voltan R, Vozzi D, et al. The p53 transcriptional pathway is preserved in ATMmutated and NOTCH1mutated chronic lymphocytic leukemias. Oncotarget. 13 de julio de 2014;5(24):12635-45.
74. Auerbach AD. Fanconi anemia and its diagnosis. Mutat Res. 31 de julio de 2009;668(1-2):4-10.
75. Barroso E, Pita G, Arias JI, Menendez P, Zamora P, Blanco M, et al. The Fanconi anemia family of genes and its correlation with breast cancer susceptibility and breast cancer features. Breast Cancer Res Treat. diciembre de 2009;118(3):655-60.
76. Kottemann MC, Smogorzewska A. Fanconi anaemia and the repair of Watson and Crick DNA crosslinks. Nature. 17 de enero de 2013;493(7432):356-63.

77. Krishnan V, Tay LS, Ito Y. The Fanconi Anemia Pathway of DNA Repair and Human Cancer. En: Chen CC, editor. InTech; 2015 [citado 14 de febrero de 2023]. Disponible en: http://www.intechopen.com/books/advances-in-dna-repair/the-fanconi-anemia-pathway-of-dna-repair-and-human-cancer
78. Southey MC, Teo ZL, Winship I. PALB2 and breast cancer: ready for clinical translation! Appl Clin Genet. 19 de julio de 2013;6:43-52.
79. Antoniou AC, Casadei S, Heikkinen T, Barrowdale D, Pylkäs K, Roberts J, et al. Breast-cancer risk in families with mutations in PALB2. N Engl J Med. 7 de agosto de 2014;371(6):497-506.
80. Walsh T, Casadei S, Lee MK, Pennil CC, Nord AS, Thornton AM, et al. Mutations in 12 genes for inherited ovarian, fallopian tube, and peritoneal carcinoma identified by massively parallel sequencing. Proc Natl Acad Sci U S A. 1 de noviembre de 2011;108(44):18032-7.
81. Ramus SJ, Song H, Dicks E, Tyrer JP, Rosenthal AN, Intermaggio MP, et al. Germline Mutations in the BRIP1, BARD1, PALB2, and NBN Genes in Women With Ovarian Cancer. J Natl Cancer Inst. noviembre de 2015;107(11):djv214.
82. Yang X, Leslie G, Doroszuk A, Schneider S, Allen J, Decker B, et al. Cancer Risks Associated With Germline PALB2 Pathogenic Variants: An International Study of 524 Families. J Clin Oncol Off J Am Soc Clin Oncol. 1 de marzo de 2020;38(7):674-85.
83. Oussalah A, Avogbe PH, Guyot E, Chery C, Guéant-Rodriguez RM, Ganne-Carrié N, et al. BRIP1 coding variants are associated with a high risk of hepatocellular carcinoma occurrence in patients with HCV- or HBV-related liver disease. Oncotarget. 17 de agosto de 2016;8(38):62842-57.
84. Brosh RM, Cantor SB. Molecular and cellular functions of the FANCJ DNA helicase defective in cancer and in Fanconi anemia. Front Genet [Internet]. 2014 [citado 14 de febrero de 2023];5. Disponible en: https://www.frontiersin.org/articles/10.3389/fgene.2014.00372
85. Weber-Lassalle N, Hauke J, Ramser J, Richters L, Groß E, Blümcke B, et al. BRIP1 loss-of-function mutations confer high risk for familial ovarian cancer, but not familial breast cancer. Breast Cancer Res BCR. 24 de enero de 2018;20(1):7.
86. Loveday C, Turnbull C, Ruark E, Xicola RMM, Ramsay E, Hughes D, et al. Germline RAD51C mutations confer susceptibility to ovarian cancer. Nat Genet. 26 de abril de 2012;44(5):475-6; author reply 476.
87. Song H, Dicks E, Ramus SJ, Tyrer JP, Intermaggio MP, Hayward J, et al. Contribution of Germline Mutations in the RAD51B, RAD51C, and RAD51D Genes to Ovarian Cancer in the Population. J Clin Oncol Off J Am Soc Clin Oncol. 10 de septiembre de 2015;33(26):2901-7.
88. Osorio A, Endt D, Fernández F, Eirich K, de la Hoya M, Schmutzler R, et al. Predominance of pathogenic missense variants in the RAD51C gene occurring in breast and ovarian cancer families. Hum Mol Genet. 1 de julio de 2012;21(13):2889-98.
89. Gutiérrez-Enríquez S, Bonache S, de Garibay GR, Osorio A, Santamariña M, Ramón y Cajal T, et al. About 1% of the breast and ovarian Spanish families testing negative for BRCA1 and BRCA2 are carriers of RAD51D pathogenic variants. Int J Cancer. 1 de mayo de 2014;134(9):2088-97.
90. Sánchez-Bermúdez AI, Sarabia-Meseguer MD, García-Aliaga Á, Marín-Vera M, Macías-Cerrolaza JA, Henaréjos PS, et al. Mutational analysis of RAD51C and RAD51D genes in hereditary breast and ovarian cancer families from Murcia (southeastern Spain). Eur J Med Genet. 1 de junio de 2018;61(6):355-61.
91. Bewtra C, Watson P, Conway T, Read-Hippee C, Lynch HT. Hereditary ovarian cancer: a clinicopathological study. Int J Gynecol Pathol Off J Int Soc Gynecol Pathol. julio de 1992;11(3):180-7.
92. Malander S, Rambech E, Kristoffersson U, Halvarsson B, Ridderheim M, Borg A, et al. The contribution of the hereditary nonpolyposis colorectal cancer syndrome to the development of ovarian cancer. Gynecol Oncol. mayo de 2006;101(2):238-43.

93. Dominguez-Valentin M, Sampson JR, Seppälä TT, Ten Broeke SW, Plazzer JP, Nakken S, et al. Cancer risks by gene, age, and gender in 6350 carriers of pathogenic mismatch repair variants: findings from the Prospective Lynch Syndrome Database. Genet Med Off J Am Coll Med Genet. enero de 2020;22(1):15-25.
94. Møller P, Seppälä TT, Bernstein I, Holinski-Feder E, Sala P, Gareth Evans D, et al. Cancer risk and survival in path_MMR carriers by gene and gender up to 75 years of age: a report from the Prospective Lynch Syndrome Database. Gut. julio de 2018;67(7):1306-16.
95. Li FP, Fraumeni JF, Mulvihill JJ, Blattner WA, Dreyfus MG, Tucker MA, et al. A cancer family syndrome in twenty-four kindreds. Cancer Res. 15 de septiembre de 1988;48(18):5358-62.
96. Evans DGR, Birch JM, Ramsden RT, Sharif S, Baser ME. Malignant transformation and new primary tumours after therapeutic radiation for benign disease: substantial risks in certain tumour prone syndromes. J Med Genet. abril de 2006;43(4):289-94.
97. Sorrell AD, Espenschied CR, Culver JO, Weitzel JN. Tumor protein p53 (TP53) testing and Li-Fraumeni syndrome : current status of clinical applications and future directions. Mol Diagn Ther. febrero de 2013;17(1):31-47.
98. Spigelman AD, Murday V, Phillips RK. Cancer and the Peutz-Jeghers syndrome. Gut. noviembre de 1989;30(11):1588-90.
99. Amos CI, Keitheri-Cheteri MB, Sabripour M, Wei C, McGarrity TJ, Seldin MF, et al. Genotype-phenotype correlations in Peutz-Jeghers syndrome. J Med Genet. mayo de 2004;41(5):327-33.
100. Hemminki A, Markie D, Tomlinson I, Avizienyte E, Roth S, Loukola A, et al. A serine/threonine kinase gene defective in Peutz-Jeghers syndrome. Nature. 8 de enero de 1998;391(6663):184-7.
101. Sanchez-Cespedes M, Parrella P, Esteller M, Nomoto S, Trink B, Engles JM, et al. Inactivation of LKB1/STK11 is a common event in adenocarcinomas of the lung. Cancer Res. 1 de julio de 2002;62(13):3659-62.
102. Mehenni H, Lin-Marq N, Buchet-Poyau K, Reymond A, Collart MA, Picard D, et al. LKB1 interacts with and phosphorylates PTEN: a functional link between two proteins involved in cancer predisposing syndromes. Hum Mol Genet. 1 de agosto de 2005;14(15):2209-19.
103. den Dunnen JT, Dalgleish R, Maglott DR, Hart RK, Greenblatt MS, McGowan-Jordan J, et al. HGVS Recommendations for the Description of Sequence Variants: 2016 Update. Hum Mutat. junio de 2016;37(6):564-9.
104. Smith SD, Kawash JK, Grigoriev A. Lightning-fast genome variant detection with GROM. GigaScience. 1 de octubre de 2017;6(10):1-7.
105. Lindor NM, Goldgar DE, Tavtigian SV, Plon SE, Couch FJ. BRCA1/2 Sequence Variants of Uncertain Significance: A Primer for Providers to Assist in Discussions and in Medical Management. The Oncologist. mayo de 2013;18(5):518-24.
106. Thompson BA, Spurdle AB, Plazzer JP, Greenblatt MS, Akagi K, Al-Mulla F, et al. Application of a 5-tiered scheme for standardized classification of 2,360 unique mismatch repair gene variants in the InSiGHT locus-specific database. Nat Genet. febrero de 2014;46(2):107-15.
107. Bonache S, Esteban I, Moles-Fernández A, Tenés A, Duran-Lozano L, Montalban G, et al. Multigene panel testing beyond BRCA1/2 in breast/ovarian cancer Spanish families and clinical actionability of findings. J Cancer Res Clin Oncol. diciembre de 2018;144(12):2495-513.
108. Castillo-Guardiola V, Rosado-Jiménez L, Sarabia-Meseguer MD, Marín-Vera M, Macías-Cerrolaza JA, García-Hernández R, et al. Next step in molecular genetics of hereditary breast/ovarian cancer: Multigene panel testing in clinical actionably genes and prioritization algorithms in the study of variants of uncertain significance. Eur J Med Genet. 1 de abril de 2022;65(4):104468.

109. Richards S, Aziz N, Bale S, Bick D, Das S, Gastier-Foster J, et al. Standards and guidelines for the interpretation of sequence variants: a joint consensus recommendation of the American College of Medical Genetics and Genomics and the Association for Molecular Pathology. Genet Med Off J Am Coll Med Genet. mayo de 2015;17(5):405-24.
110. Ellard S, Baple E, Berry I, Forrester N, Turnbull C, Owens M, et al. ACGS Best Practice Guidelines for Variant Classification 2019. En 2019 [citado 14 de febrero de 2023]. Disponible en: https://www.semanticscholar.org/paper/ACGS-Best-Practice-Guidelines-for-Variant-2019-Ellard-Baple/86fa75f316823ef358a804fe1e45a98a85351bf9
111. Ioannidis NM, Rothstein JH, Pejaver V, Middha S, McDonnell SK, Baheti S, et al. REVEL: An Ensemble Method for Predicting the Pathogenicity of Rare Missense Variants. Am J Hum Genet. 6 de octubre de 2016;99(4):877-85.
112. Feliubadaló L, Moles-Fernández A, Santamariña-Pena M, Sánchez AT, López-Novo A, Porras LM, et al. A Collaborative Effort to Define Classification Criteria for ATM Variants in Hereditary Cancer Patients. Clin Chem. 1 de marzo de 2021;67(3):518-33.
113. Schwarz JM, Cooper DN, Schuelke M, Seelow D. MutationTaster2: mutation prediction for the deep-sequencing age. Nat Methods. abril de 2014;11(4):361-2.
114. Sim NL, Kumar P, Hu J, Henikoff S, Schneider G, Ng PC. SIFT web server: predicting effects of amino acid substitutions on proteins. Nucleic Acids Res. julio de 2012;40(Web Server issue):W452-457.
115. Cooper GM, Stone EA, Asimenos G, NISC Comparative Sequencing Program, Green ED, Batzoglou S, et al. Distribution and intensity of constraint in mammalian genomic sequence. Genome Res. julio de 2005;15(7):901-13.
116. Pollard KS, Hubisz MJ, Rosenbloom KR, Siepel A. Detection of nonneutral substitution rates on mammalian phylogenies. Genome Res. enero de 2010;20(1):110-21.
117. Siepel A, Bejerano G, Pedersen JS, Hinrichs AS, Hou M, Rosenbloom K, et al. Evolutionarily conserved elements in vertebrate, insect, worm, and yeast genomes. Genome Res. agosto de 2005;15(8):1034-50.
118. Garber M, Guttman M, Clamp M, Zody MC, Friedman N, Xie X. Identifying novel constrained elements by exploiting biased substitution patterns. Bioinformatics. 15 de junio de 2009;25(12):i54-62.
119. Jian X, Boerwinkle E, Liu X. In silico prediction of splice-altering single nucleotide variants in the human genome. Nucleic Acids Res. 16 de diciembre de 2014;42(22):13534-44.
120. Pennington KP, Walsh T, Harrell MI, Lee MK, Pennil CC, Rendi MH, et al. Germline and somatic mutations in homologous recombination genes predict platinum response and survival in ovarian, fallopian tube, and peritoneal carcinomas. Clin Cancer Res Off J Am Assoc Cancer Res. 1 de febrero de 2014;20(3):764-75.
121. Mavaddat N, Barrowdale D, Andrulis IL, Domchek SM, Eccles D, Nevanlinna H, et al. Pathology of breast and ovarian cancers among BRCA1 and BRCA2 mutation carriers: results from the Consortium of Investigators of Modifiers of BRCA1/2 (CIMBA). Cancer Epidemiol Biomark Prev Publ Am Assoc Cancer Res Cosponsored Am Soc Prev Oncol. enero de 2012;21(1):134-47.
122. Casey MJ, Bewtra C, Lynch HT, Snyder C, Stacy M, Watson P. Phenotypic heterogeneity of hereditary gynecologic cancers: a report from the Creighton hereditary cancer registry. Fam Cancer. diciembre de 2013;12(4):719-40.
123. Norquist BM, Brady MF, Harrell MI, Walsh T, Lee MK, Gulsuner S, et al. Mutations in Homologous Recombination Genes and Outcomes in Ovarian Carcinoma Patients in GOG 218: An NRG Oncology/Gynecologic Oncology Group Study. Clin Cancer Res Off J Am Assoc Cancer Res. 15 de febrero de 2018;24(4):777-83.

124. Boyd J, Sonoda Y, Federici MG, Bogomolniy F, Rhei E, Maresco DL, et al. Clinicopathologic features of BRCA-linked and sporadic ovarian cancer. JAMA. 3 de mayo de 2000;283(17):2260-5.
125. Gourley C, Michie CO, Roxburgh P, Yap TA, Harden S, Paul J, et al. Increased incidence of visceral metastases in scottish patients with BRCA1/2-defective ovarian cancer: an extension of the ovarian BRCAness phenotype. J Clin Oncol Off J Am Soc Clin Oncol. 20 de mayo de 2010;28(15):2505-11.
126. Coleman RL, Monk BJ, Sood AK, Herzog TJ. Latest research and treatment of advanced-stage epithelial ovarian cancer. Nat Rev Clin Oncol. abril de 2013;10(4):211-24.
127. Gordon AN, Fleagle JT, Guthrie D, Parkin DE, Gore ME, Lacave AJ. Recurrent epithelial ovarian carcinoma: a randomized phase III study of pegylated liposomal doxorubicin versus topotecan. J Clin Oncol Off J Am Soc Clin Oncol. 15 de julio de 2001;19(14):3312-22.
128. Pectasides D, Pectasides E, Papaxoinis G, Psyrri A, Pliarchopoulou K, Koumarianou A, et al. Carboplatin/gemcitabine alternating with carboplatin/pegylated liposomal doxorubicin and carboplatin/cyclophosphamide in platinum-refractory/resistant paclitaxel - pretreated ovarian carcinoma. Gynecol Oncol. julio de 2010;118(1):52-7.
129. Aghajanian C, Goff B, Nycum LR, Wang YV, Husain A, Blank SV. Final overall survival and safety analysis of OCEANS, a phase 3 trial of chemotherapy with or without bevacizumab in patients with platinum-sensitive recurrent ovarian cancer. Gynecol Oncol. octubre de 2015;139(1):10-6.
130. Bolton KL, Chenevix-Trench G, Goh C, Sadetzki S, Ramus SJ, Karlan BY, et al. Association between BRCA1 and BRCA2 mutations and survival in women with invasive epithelial ovarian cancer. JAMA. 25 de enero de 2012;307(4):382-90.
131. Yang D, Khan S, Sun Y, Hess K, Shmulevich I, Sood AK, et al. Association of BRCA1 and BRCA2 mutations with survival, chemotherapy sensitivity, and gene mutator phenotype in patients with ovarian cancer. JAMA. 12 de octubre de 2011;306(14):1557-65.
132. Ledermann J, Harter P, Gourley C, Friedlander M, Vergote I, Rustin G, et al. Olaparib maintenance therapy in platinum-sensitive relapsed ovarian cancer. N Engl J Med. 12 de abril de 2012;366(15):1382-92.
133. Liu JF, Barry WT, Birrer M, Lee JM, Buckanovich RJ, Fleming GF, et al. Combination cediranib and olaparib versus olaparib alone for women with recurrent platinum-sensitive ovarian cancer: a randomised phase 2 study. Lancet Oncol. octubre de 2014;15(11):1207-14.
134. Brody LC. Treating cancer by targeting a weakness. N Engl J Med. 1 de septiembre de 2005;353(9):949-50.
135. Sousa FG, Matuo R, Soares DG, Escargueil AE, Henriques JAP, Larsen AK, et al. PARPs and the DNA damage response. Carcinogenesis. 1 de agosto de 2012;33(8):1433-40.
136. Scott CL, Swisher EM, Kaufmann SH. Poly (ADP-ribose) polymerase inhibitors: recent advances and future development. J Clin Oncol Off J Am Soc Clin Oncol. 20 de abril de 2015;33(12):1397-406.
137. Li M, Yu X. Function of BRCA1 in the DNA damage response is mediated by ADP-ribosylation. Cancer Cell. 13 de mayo de 2013;23(5):693-704.
138. Patel AG, Sarkaria JN, Kaufmann SH. Nonhomologous end joining drives poly(ADP-ribose) polymerase (PARP) inhibitor lethality in homologous recombination-deficient cells. Proc Natl Acad Sci U S A. 22 de febrero de 2011;108(8):3406-11.
139. Konstantinopoulos PA, Ceccaldi R, Shapiro GI, D'Andrea AD. Homologous Recombination Deficiency: Exploiting the Fundamental Vulnerability of Ovarian Cancer. Cancer Discov. noviembre de 2015;5(11):1137-54.

140. lynparza-epar-medicine-overview_en.pdf [Internet]. [citado 14 de febrero de 2023]. Disponible en: https://www.ema.europa.eu/en/documents/overview/lynparza-epar-medicine-overview_en.pdf
141. FICHA TECNICA LYNPARZA 150 MG COMPRIMIDOS RECUBIERTOS CON PELICULA [Internet]. [citado 14 de febrero de 2023]. Disponible en: https://cima.aemps.es/cima/dochtml/ft/114959004/FT_114959004.html#4-1-indicaciones-terap-uticas
142. rubraca-epar-medicine-overview_es.pdf [Internet]. [citado 14 de febrero de 2023]. Disponible en: https://www.ema.europa.eu/en/documents/overview/rubraca-epar-medicine-overview_es.pdf
143. FICHA TECNICA RUBRACA 300 MG COMPRIMIDOS RECUBIERTOS CON PELICULA [Internet]. [citado 14 de febrero de 2023]. Disponible en: https://cima.aemps.es/cima/dochtml/ft/1171250003/FT_1171250003.html
144. zejula-epar-medicine-overview_es.pdf [Internet]. [citado 14 de febrero de 2023]. Disponible en: https://www.ema.europa.eu/en/documents/overview/zejula-epar-medicine-overview_es.pdf
145. FICHA TECNICA ZEJULA 100 MG CAPSULAS DURAS [Internet]. [citado 14 de febrero de 2023]. Disponible en: https://cima.aemps.es/cima/dochtml/ft/1171235001/FT_1171235001.html
146. Garcia H. Informe de Posicionamiento Terapéutico de olaparib (Lynparza®) en cáncer de ovario.
147. Informe de Posicionamiento Terapéutico de olaparib (Lynparza®) en combinación con bevacizumab, en el tratamiento de mantenimiento para el cáncer de ovario epitelial de alto grado avanzado, de trompa de Falopio o peritoneal primario, con deficiencia en la recombinación homóloga (HRD), tras haber completado una primera línea de quimioterapia basada en platino, en combinación con bevacizumab.
148. Agencia Española de Medicamentos y Productos Sanitarios [Internet]. 2022 [citado 14 de febrero de 2023]. Informe de Posicionamiento Terapéutico de Zejula® (niraparib) en tratamiento de mantenimiento en monoterapia de pacientes adultas con cáncer de ovario epitelial de alto grado avanzado (estadios FIGO III y IV), de trompa de Falopio o peritoneal primario, que están en respuesta (completa o parcial) tras haber completado una primera línea de quimioterapia basada en platino. Disponible en: https://www.aemps.gob.es/informa/informes-de-posicionamiento-terapeutico/informe-de-posicionamiento-terapeutico-de-zejula-niraparib-en-tratamiento-de-mantenimiento-en-monoterapia-de-pacientes-adultas-con-cancer-de-ovario-epitelial-de-alto-grado-avanzado-estadios-f/
149. Informe de Posicionamiento Terapéutico de rucaparib (Rubraca®) en cáncer de ovario.
150. DiSilvestro P, Banerjee S, Colombo N, Scambia G, Kim BG, Oaknin A, et al. Overall Survival With Maintenance Olaparib at a 7-Year Follow-Up in Patients With Newly Diagnosed Advanced Ovarian Cancer and a BRCA Mutation: The SOLO1/GOG 3004 Trial. J Clin Oncol. 20 de enero de 2023;41(3):609-17.
151. Pujade-Lauraine E, Ledermann JA, Selle F, Gebski V, Penson RT, Oza AM, et al. Olaparib tablets as maintenance therapy in patients with platinum-sensitive, relapsed ovarian cancer and a BRCA1/2 mutation (SOLO2/ENGOT-Ov21): a double-blind, randomised, placebo-controlled, phase 3 trial. Lancet Oncol. 1 de septiembre de 2017;18(9):1274-84.
152. Hodgson DR, Dougherty BA, Lai Z, Fielding A, Grinsted L, Spencer S, et al. Candidate biomarkers of PARP inhibitor sensitivity in ovarian cancer beyond the BRCA genes. Br J Cancer. noviembre de 2018;119(11):1401-9.
153. Poveda AM, Davidson R, Blakeley C, Milner A. Olaparib maintenance monotherapy in platinum-sensitive, relapsed ovarian cancer without germline BRCA mutations: OPINION Phase IIIb study design. Future Oncol. noviembre de 2019;15(32):3651-63.

154. Ray-Coquard I, Pautier P, Pignata S, Pérol D, González-Martín A, Berger R, et al. Olaparib plus Bevacizumab as First-Line Maintenance in Ovarian Cancer. N Engl J Med. 19 de diciembre de 2019;381(25):2416-28.
155. Clamp AR, Lorusso D, Oza AM, Aghajanian C, Oaknin A, Dean A, et al. Rucaparib maintenance treatment for recurrent ovarian carcinoma: the effects of progression-free interval and prior therapies on efficacy and safety in the randomized phase III trial ARIEL3. Int J Gynecol Cancer [Internet]. 1 de julio de 2021 [citado 14 de febrero de 2023];31(7). Disponible en: https://ijgc.bmj.com/content/31/7/949
156. González-Martín A, Pothuri B, Vergote I, DePont Christensen R, Graybill W, Mirza MR, et al. Niraparib in Patients with Newly Diagnosed Advanced Ovarian Cancer. N Engl J Med. 19 de diciembre de 2019;381(25):2391-402.
157. del Campo JM, Matulonis UA, Malander S, Provencher D, Mahner S, Follana P, et al. Niraparib Maintenance Therapy in Patients With Recurrent Ovarian Cancer After a Partial Response to the Last Platinum-Based Chemotherapy in the ENGOT-OV16/NOVA Trial. J Clin Oncol. 10 de noviembre de 2019;37(32):2968-73.
158. Iodice S, Barile M, Rotmensz N, Feroce I, Bonanni B, Radice P, et al. Oral contraceptive use and breast or ovarian cancer risk in BRCA1/2 carriers: a meta-analysis. Eur J Cancer Oxf Engl 1990. agosto de 2010;46(12):2275-84.
159. Menon U, Ryan A, Kalsi J, Gentry-Maharaj A, Dawnay A, Habib M, et al. Risk Algorithm Using Serial Biomarker Measurements Doubles the Number of Screen-Detected Cancers Compared With a Single-Threshold Rule in the United Kingdom Collaborative Trial of Ovarian Cancer Screening. J Clin Oncol Off J Am Soc Clin Oncol. 20 de junio de 2015;33(18):2062-71.
160. Skates SJ. Ovarian cancer screening: development of the risk of ovarian cancer algorithm (ROCA) and ROCA screening trials. Int J Gynecol Cancer Off J Int Gynecol Cancer Soc. mayo de 2012;22 Suppl 1(Suppl 1):S24-26.
161. Daly MB, Pilarski R, Berry M, Buys SS, Farmer M, Friedman S, et al. NCCN Guidelines Insights: Genetic/Familial High-Risk Assessment: Breast and Ovarian, Version 2.2017. J Natl Compr Cancer Netw JNCCN. enero de 2017;15(1):9-20.
162. Paluch-Shimon S, Cardoso F, Sessa C, Balmana J, Cardoso MJ, Gilbert F, et al. Prevention and screening in BRCA mutation carriers and other breast/ovarian hereditary cancer syndromes: ESMO Clinical Practice Guidelines for cancer prevention and screening. Ann Oncol Off J Eur Soc Med Oncol. septiembre de 2016;27(suppl 5):v103-10.
163. Marchetti C, De Felice F, Palaia I, Perniola G, Musella A, Musio D, et al. Risk-reducing salpingo-oophorectomy: a meta-analysis on impact on ovarian cancer risk and all cause mortality in BRCA 1 and BRCA 2 mutation carriers. BMC Womens Health. 12 de diciembre de 2014;14:150.
164. Rebbeck TR, Kauff ND, Domchek SM. Meta-analysis of risk reduction estimates associated with risk-reducing salpingo-oophorectomy in BRCA1 or BRCA2 mutation carriers. J Natl Cancer Inst. 21 de enero de 2009;101(2):80-7.
165. Finch APM, Lubinski J, Møller P, Singer CF, Karlan B, Senter L, et al. Impact of oophorectomy on cancer incidence and mortality in women with a BRCA1 or BRCA2 mutation. J Clin Oncol Off J Am Soc Clin Oncol. 20 de mayo de 2014;32(15):1547-53.

FSC
www.fsc.org
MIX
Papier | Fördert
gute Waldnutzung
FSC® C083411

Kolibri 360 GmbH
Ferdinand-Jühlke-Straße 7
99095 Erfurt, Deutschland
produktsicherheit@kolibri360.de

Druck:
CPI Druckdienstleistungen GmbH
im Auftrag der
Kolibri 360 GmbH
Ferdinand-Jühlke-Str. 7
99095 Erfurt